SÜDLICH VOM ENDE DER WELT

在那里，

黑夜持续了四个月，

即便在温暖的日子里，

气温也只有零下 50 摄氏度。

地平线系列

CARMEN POSSNIG

SÜDLICH VOM ENDE DER WELT

文明之外

我在南极的一年

〔奥地利〕卡门·普斯尼西 著

田思悦 译

商务印书馆
The Commercial Press
创于1897

Original title: Südlich vom Ende der Welt: Wo die Nacht 4 Monate dauert

und ein warmer Tag minus 50° hat

by Carmen Possnig

© 2020 by Ludwig Verlag

A division of Penguin Random House Verlagsgruppe GmbH, München, Germany.

中文版经路德维希（Ludwig）出版社授权

根据路德维希出版社 2020 年精装本译出

献给阿尔伯特（Alberto）、安德烈（André）、

柯林（Coline）、希普利亚（Cyprien）、

菲利普（Filippo）、弗洛伦廷（Florentin）、

雅克（Jacques）、马可·S（Marco S.）、马可·B（Marco B.）、

马里奥（Mario）、莫雷诺（Moreno）和雷米（Rémi）

目 录

序

　　五月的一天，正午十二点，四周还是漆黑一片，到处是难以
承受的严寒。几乎全部船员都离开了康科迪亚站（Concordia）[*]，
身陷一片冰雪荒漠。所有人的目光都瞄向同一个方向，我们正在
等待。期间，时不时有人伸出胳膊试图寻找温暖。这有点像为跳
进大海而做准备的摇摇晃晃的企鹅。我们每一个人都知道，接下
来将要发生什么。我们自愿参与其中，但却没人做足了准备。实
际上也不可能做好准备。

　　远处，太阳像正在进行一场疲惫的冒险一样慢慢爬出地平
线。它散发出的光芒短暂地照耀在我们身上。我看到微弱的阳光
在我面前的雪地上闪烁。我脸上仿佛有了一丝柔和的温暖。太阳
升起的过程缓慢而犹豫，但消失的时候却迅速又坚决。有人轻轻
地笑了一下，寒意顺着我的双臂爬上来。整个世界除了这两座塔
和这十三个人之外别无一物。

　　天色又暗下来。黑暗将持续近四个月。在我们身后，天空已

---

[*]　因本书翻译自德文原版书，故本书中括注的外文如无特殊说明一般均为德
　　文。——译者注

布满星辰。现在要做什么？大家都沉默了。此时，有个人转过身去，他嘎吱作响的脚步声打破了沉寂。

我们无法预知等待我们的是什么。我们仅仅知道：现在别无选择了。我们必须接受漫长的黑暗。

第一章　您会讲笑话吗？

"寻找参与危险旅程的人；

薪酬微薄、天寒地冻；

数月不见天日；

不保证安全返航；

如若成功即可获得声望和荣誉。"

——出自欧内斯特·沙克尔顿（Ernest Shackleton）
在为他的探险寻找同伴时刊登过的一则广告。

　　　在一年半以前的十一月的一个夜晚，我坐在维也纳一家医院的产科大厅里。当时的大厅里相比平日而言较为安静。那是凌晨三点半，漫漫的长夜似乎没有尽头。彼时，从几个房间里传来婴儿撕心裂肺的哭声。角落里的主治医生正在低声嘟哝着什么。大厅昏暗的灯光让我越发疲惫。我在想，我到底多久没见过床了。助产士在过道里急匆匆地走来走去。两位准爸爸时不时猛然流露出寻找助产士的表情。我知道，想要睡一觉的美梦又泡汤了。我的目光落在电脑屏幕上，在已经过时的软件里输入了第三个婴儿的信息。窗外开始下雪了。我把薄薄的医生工作服裹得更紧了一

些。三号婴儿头围：34厘米。

　　　"三十分钟后我需要你帮忙！"一名助产士从我身边飘过——又一个婴儿在来的路上了。我的手机显示已是四点，电子邮箱有几封未读邮件。我站在窗前，心不在焉地看了一会儿雪花，然后打开了一封邮件。目光停留在显示器上，但我过了好一会儿才反应过来那上面写的是什么。

　　　　　为欧洲航天局在康科迪亚站开展新研究寻找医

学博士。

　　您想要花一年的时间在完全隔绝的情况下为欧洲航天局开展研究工作吗？

　　我的疲倦一下被冲散了，用目光迅速扫过这条消息。欧洲航天局（英文：European Space Agency, ESA）为康科迪亚站寻求一名科研医生。康科迪亚站是位于南极洲中心的一个研究站。那是一片白色荒漠。气温有零下 80 摄氏度之低。黑暗会持续长达四个月的时间。一个小组的成员会完全与世隔绝，没有被疏散的可能，并在那里开展航天医学研究，过一年宇航员在火星上的生活。

　　我彻底醒了。我又能感知到婴儿和母亲的嚎叫了，又能看到紧张的准爸爸和压力极大的助产士们了。我想从这里离开吗？冒险，考察？是的，没错，最好现在就走。我怎么才能报名？

　　我写好并寄出了项目申请。在接下来的几周里，我把打印版的邮件放在大衣兜里随身携带。对我来说，它像是一条出路，是把我从混乱中拯救出来的一种方式，也是一种挑战、一种可能性，帮我逃离千篇一律、单调重复的生活，更是专门为我准备的一次冒险。

　　2017 年 2 月，我收到了后续通知。欧洲航天局将我列为这份工作的四个最终候选人之一。三月初，我被邀请到巴黎（Paris）进行面试。这份原本只是异想天开的任务，现在变得触手可及了。

　　康科迪亚站是南极洲上的一座科学考察站。南极大陆东部

13

是耸立的高原。康科迪亚站所处的区域被称为"冰穹 C"（Dome C），距离最近的海岸大约 1200 千米。这个区域本来是按照字母表被命名的。有了"冰穹 A"和"冰穹 B"之后，自然就出现了"冰穹 C"。在这之前，人们总是将"冰穹 A"和"冰穹 B"称之为"查理"（Charlie）或"瑟西"（Circe）。现在人们经常将"冰穹 C"和"康科迪亚站"对应起来。

南极一共有约 40 座科考站，分别由 28 个国家运营。对于相当于欧洲面积 1.5 倍大的南极洲而言，这个数字并不算多。大部分科考站设在海岸线上，那里气候相对温和。很多科考站只在夏天开展工作。全年有人居住且位于内陆的科考站只有三座：美国的阿蒙森—斯科特（Amundsen-Scott）站，俄罗斯的东方（Wostok）站，法国和意大利的康科迪亚站。康科迪亚站也是唯一一座由两个国家共同主导的科考站——法国极地研究所（法语：Institut Polaire Français Paul-Émile Victor, IPEV）和意大利国家南极委员会（意大利语：Programma Nazionale di Ricerche in Antartide, PNRA）。

每年 11 月底到 1 月底是南极的夏天，这时科考工作繁忙，康科迪亚站里最多有近 80 名工作人员，但只有很少的人会在这里越冬，大约 13 ～ 15 人。其中一半是研究者，另一半则是技术人员或保障人员。在长达九个月的时间里，这些人将与外界隔绝。他们最近的邻居是 600 千米外的俄罗斯东方站。

南极的冬天被黑暗笼罩：五月，太阳最后一次降落；直至八月中旬才会再次出现。除了东方站之外，冰穹 C 是全世界最冷的地方。夏天的气温相对友好，大概在零下 45 至零下 30 摄氏度之间；

14

冬天温度则会下降到零下 80 摄氏度左右。

周围的环境非常独特，康科迪亚站有点像在另一个星球上的科考站。欧洲航天局借此开展针对未来长期航天任务的科研工作。人们没能从之前在月球或火星履职的人员那里获得足够的信息，因此不足以说出："这次任务完成得不错，我们要再次将这样的人派去执行长期的太空飞行"。为了探索人类如何适应极端环境，就必须寻找相似的场景。显而易见，首选是国际空间站（Internationale Raumstation，英语：International Space Station, ISS）。然而，由于同时在站的工作人员数量很少，因此能够进行的实验非常有限。其他与之相类似的情况如潜水艇、隔离的军事基地、火星-500 以及南极科考站等。在所有这些选择当中，康科迪亚站是最接近其他星球的一个：隔离是切实存在的；自然环境也非常极端。为了抵御室外的极寒，在这里也需要使用特殊制作的服装。日照情况也很特别：三个半月不间断的阳光照射和四个月无休无止的黑暗。空气长期处于低压缺氧状态，和在月球及火星可能面临的情况非常相似。一小队文化背景各不相同的人员被迫挤在非常狭仄的空间里。一切都混合在一起——这恰好适合航天研究。欧洲航天局因康科迪亚站所处的环境将之称为"白色火星"（Weißer Mars）。

为了得到前往"白色火星"的机会，我必须通过选拔程序。15 为此，我飞往巴黎并和其他候选人在那里会合，准备参加考试。三月初，我一到巴黎，这座法国首都就被乌云笼罩，下起了瓢泼大雨。一大早，我挤上地铁，穿过老城的街道，终于找到了体检的地方。想在南极度过一年的人必须非常健康。医生给我抽了很多血。之后，我又跑去给肺部和牙齿拍了 X 光片，并对所有的器官进行了检查。每个人都要给我量血压，所有人都在谈论我苍白的脸色。

中午休息期间，我需要穿过巴黎老城赶到下一处规定地点。在这里，我要和其他竞争者一起填写心理调查问卷，其中包含四个人格测试。紧接着我来到心理科的门口。心理医生的办公室很小，可以想象，办公室里摆满了文件柜。房间里只有一把可移动的椅子。它被放在窗边，透过窗户可以看见巴黎老城的历史风貌。心理医生的衬衫在他肚皮的映衬下显得有点紧绷。他随后将自己的双手放在了肚子上，指导我开始进行罗夏墨迹测验（Rorschachtest）。我的注意力集中在那些墨迹上。首先，我看到一群企鹅，然后又看到一两只北极熊。其中部分图片很适合做刺青的底稿。心理医生用了大概三个小时的时间追问我的动机、我的童年以及我与祖母家三代表亲的关系。

"您究竟为什么要去呢？"

是啊，到底为什么呢？为了追求沙克尔顿式的无尽的孤独、阿蒙森童话般的风景以及斯科特冰封的黑暗。为了追寻冒险、野性和发现的精神。为了在"白色火星"上漫步。

"您知道吗？在经历了南极的冬天以后，您的脸色会更不健康？"

"至少那几个月不用担心被晒伤的危险。"

"恋爱关系几乎无法经受这种任务所带来的考验，您也知道吗？"

他浏览了我人格测试中的一页，脸上露出幸灾乐祸似的表情。我很想知道他为什么这么说，但他很快抬起头盯着我的眼睛继续说道：

"通常在康科迪亚站站上只有两三位女性，而男性却有十多个。您可以处理这种情况吗？您打算如何应对呢？"

呃。

和心理医生交流了一个小时之后，我的脑袋已经空空如也。当时已经快到晚上了。当我回到等候区时，其他应聘者也精疲力竭地坐在那里。就在我猜想下一步要做什么的时候，一个面带友善微笑的男子走进了房间。

"卡门，你准备好面试了吗？"

很好。我甚至忘记了：最重要的面试还没有开始。那个男人说自己叫保罗（Paul）。他带着我穿过昏暗的走廊，来到一间小办公室。法国极地研究所和意大利国家南极委员会的几位工作人员围坐在桌子周围。尽管我很激动，但我还是记住了所有的细节。一位头发浓密的男士进行记录，纸上的字密密麻麻地排列在一起。另一个人皱着眉头浏览了一下千篇一律的求职信。一位戴着冰川般蓝色眼镜的女士在一堆纸里面寻找着什么。她抬起头，我感到有点不适，仿佛我被她看穿了一样。在她面前，任何人都不能伪装。当他们逐个介绍自己并向我提问时，我的疲惫消失了。

"您知道您在那里会面对什么吗？您知道很不容易吗？"

或许我并不真的知道。

"您想象中的科考站是什么样的？周围会有企鹅玩耍吗？可以随时随地散散步吗？可以惬意地休息吗？"提问者透过镜片一直盯着我看："您能和 12 个很有魅力的人在漫长的冬夜里进行哲

17

学交流吗？"

呃，不会吧。

"您需要鼓励同事们参加实验。您会做什么来提高他们的积极性？"

紧接着又问道："科考站里只有您和其他一两位女士，同时却有十几名男士，您认为会有什么问题吗？针对类似的问题，您有什么解决方案和策略吗？"

我的答案主要基于三个观点，即我相信人的理性、我的耐心以及我认为一年的时间并不算长。我有些惊讶地发现，我的答案似乎说服了面试官们，那位戴着蓝色眼镜的、能看穿我的女士除外。实际上，我本人对自己的回答也并不满意。

一小时之后，面试结束了，我可以走了。晚霞已经出现在巴黎上空。

我在一家越南小店吃了一碗米粉，又回顾了一遍一整天的经历。我已经做了我所能做的一切。其他的应聘者很友善也很聪明。最终起决定作用的因素应该是同理心、个性和心理测验结果。我疲惫地闭上眼睛。可以肯定的是：要为这样的工作筛选候选人绝非易事。

南极探险故事中有各种各样的疯狂且黑暗的传说。因此，确实有必要进行高强度的个性和心理测验。候选人需要想象力丰富、善于自我调节、拥有合适的应对策略、不需要太多的外部刺激。他还必须高效、坚韧、具有稳定且内向的性格特征，同时还要具备社会融入的能力，特别是与同期被选中的其他队员融入的能力。乐于达成妥协的能力也必不可少，尽管在南极探险中进行妥协往往不是最优选项，甚至有时会让人感到反胃。那些个性不适合这种极端条件的人应当尽早被淘汰掉。至少人们希望如此。可惜，要预知人们在极夜来临前最后一艘开往文明世界的船驶离时的反应并不容易，但至少要尽可能地寻找合适人选，以减少极地探险中的奇闻怪事。

阿根廷科考站曾有这样一名医生。他在冬天来到之后满心只想着回家。在换班的工作人员乘船到达的前几天，他就收拾好了行李，准备随时出发。然而，当新一批工作人员抵达的时候，却没有一名医生随行：

"我们没能找到新的医生，你还要在这再留一个冬天。"

为了能够（和其他所有人）一同离开，这位医生很快点火烧了这座科研站。

早期的探险还有其他的风险：1912 年，澳大利亚探险家道格拉斯·马森（Douglas Mawson）和瑞士探险家萨维尔·梅兹（Xavier Mertz）曾进行过一次雪橇探险。当时，他们的同伴贝格拉夫·宁尼斯（Belgrave Ninnis）连同雪橇、六只雪橇犬和绝大多数食物一起坠入了 46 米深的冰隙裂缝。宁尼斯自此杳无音讯。

道格拉斯·马森可能说过："亲爱的萨维尔，我们现在有麻烦了。"

"是的，用不了多久，我们可能就会知道狗肉是什么味道"，梅兹答道。

两位探险者距离"奥罗拉"（Orkane）号抛锚的位置还有 500千米。路上满是冰雪和飓风。几乎所有的食物储备都掉进了冰隙裂缝中，因此，他们不得不一只接一只地吃掉雪橇犬。回程的路是一种酷刑。两个人都被冻伤了，他们头发掉了、体重下降、便血、抑郁而且遭受了皮肤感染。

"我再也吃不下狗肉了"，梅兹在他的日记中写道。不久，他就虚弱到不能走路的程度。马森用尽自己的力气将他绑在雪橇上拉着走。但这位瑞士探险家很快就得了谵妄症[*]。

当马森告诉梅兹有冻伤时，他夜里在帐篷中大喊："冻伤？我没有冻伤！"随后，梅兹咬掉了自己的小拇指并开始暴怒。为了防止他破坏帐篷，马森只好坐在他的胸腔上。这天夜里，梅兹陷入昏迷，几个小时后就离开人世了。

据猜测，两位探险家应该是因过量摄入维生素 A 而中毒了。他们吃掉的格陵兰犬的肝脏里含有大量的维生素 A。但我们并不能证实到底是什么原因。长时间暴露在极寒之中以及因失去朋友和吃狗肉而引起的心理压力可能也会导致类似症状。

失去了两个同伴之后，马森只能独自上路了。他的手指已经冻得发黑，牙齿也掉了，同时还得了雪盲症，脚底板的皮肤彻底脱落。但他还是坚持到了抛锚地的附近。不过，当他早上走出帐篷时却发现，远处"奥罗拉"号的桅杆已经升起并正在驶向大洋深处。他继续前进，来到营地附近时，听到帐篷里传来尖叫声。有五位同事留下来了：他们并没有指望马森能够生还，而是想等到夏天来临时去寻找他的尸体。马森到达前的几个小时，"奥罗拉"号已经开走了。在看到马森回归之后，他们立刻用无线电

---

[*] 一种综合征，又称为急性脑综合征，表现为意识障碍、行为无章、注意力无法集中等。——译者注

联系船员，恳求船长掉头回来。但当时已经是冬天了。"奥罗拉"号因飓风干扰无法折返。整队人员必须在这里度过整个寒冬。这时，团队精神显得极为重要。电报员显然不能应付这种情况：冬至后的几天，他怀疑其他队员和自己作对，因此用无线电偷偷向外发送消息：

"这里所有人都疯了。只有马森和我还有理智……"

马森听到这些消息中的一条，他认为，电报员这项工作要换个人负责才更安全。

应该用什么样的方法去选拔冬天的探险工作者？在这一问题上始终存在意见分歧。20世纪初，英国极地探险家欧内斯特·沙克尔顿面试队员只需要几分钟。他的问题一般是："您会唱歌吗？""您会讲笑话吗？""如果您找到了金子，您能辨别吗？""为什么戴眼镜？"有趣的答案是加分项。他选择了一位气象学家，理由是他看起来很有趣。因此，沙克尔顿的队伍组成是多元化的。他在日记中写道：

"我选择的人必须要有足够的资质以完成工作，并且还要能适应极地特殊的条件。他们必须有能力在与外界失去联系的情况下长期和谐生活。必须要考虑的是，对世界上如此人迹罕至之地怀有向往的人，多数都拥有鲜明的个性。脾气秉性和能力一样重要……科学和航海知识并不能说明他们是什么样的人。"

我离开巴黎以后，便开始等待欧洲航天局的决定。这期间，我在全科医生的培训中完成了妇科的实习，进而转到了儿科。每次接收邮件的时候，我的心跳就会加速，但我期盼的消息屡屡没有出现，于是失望的感觉随之而来。四月悄然而至，我带着怀疑

21

22

的态度审视着大自然的蓬勃生机。我想要去看皑皑白雪，而不是开放的郁金香。我想戴着帽子在黑暗里穿行，不想在温暖的阳光下野餐！

巴黎之行的一个半月后，我的等待终于有了结果。当我打开那封附有"南极入场券"的邮件时，我的双手忍不住颤抖起来。

亲爱的卡门！

我很高兴地通知您，您被录用为欧洲航天局的医生，并将在下一个冬季为康科迪亚站科考站服务。

请您回复并告知您是否仍有兴趣接受此职位。

祝您愉快

保罗·L

六月初，我来到位于科隆（Köln）的欧洲航天员中心（Europäisches Astronautenzentrum）。与巴黎之行不同的是，此次旅程是在炎热中度过的。我有种似曾相识的感觉。大约五年前，我在格拉茨医科大学（Medizinische Universität Graz）读书。为了完成大学毕业论文，我曾到访过德国航空航天中心（Deutsches Zentrum für Luft- und Raumfahrt）。这是我第一次听说康科迪亚站。我的导师有几个实验是在这里完成的。他还给我看了欧洲航天局大胡子医生的照片。他正在专心致志地工作，眼神非常冷静。我立刻着迷了。为了那种环境、那些实验以及成为欧洲航天局员工的可能性而着迷。青年时代，我曾阅读过探险家罗伯特·斯科特（Robert Scotts）的日记。从那时起，我便梦想着能够亲眼一睹南极的风采。这是最后一片荒野，是地图上洁白的一隅，是我仅凭想象无法还原的一块大陆。在那里度过一整年的时间？对那时的我而言似乎是无可企及的梦想。

"应聘者总是很多，"我的导师说："但只要你尝试，就有机会。"

五年后，我又一次站在欧洲航天员中心的门口。我在南极将要完成一系列实验，而在这里我第一次见到了这些实验的主管人员。法国极地研究所和欧洲航天局的负责人也在这里。

我胆怯地打开会议室的门，里面只有一个人。那个人用手指敲打着桌面：佩珀（Peppe）——我在欧洲航天局的直接联系人。我立刻想起来他的名字，并朝着他走了几步。他抬起眼睛并露出微笑。佩珀端着一杯咖啡，狡黠一笑，然后告诉我，他们对我的心理测试结果很满意：

"看起来，你就是为去南极而生的。"

我也露出狡黠的笑，同时试着让自己看起来不是过于自满。佩珀知道我在罗夏墨迹测验中看到了企鹅吗？当门再次打开时，我和佩珀的对话就此终止，有大约十个人进入了房间。正是这些人设计了我将在南极进行的实验。他们从科隆、斯图加特（Stuttgart）、布鲁塞尔（Brüssel）、慕尼黑（München）、圣艾蒂安（St. Etienne）和布雷斯特（Brest）等地前来，带来了一丝活跃的气氛。他们对我感到好奇，就如我对他们一样。

24

在接下来的几个小时里，他们每个人都向我介绍了自己的项目。报告一个接着一个，在闷热的房间里没有留下多少细节。最终，我明白了，我将学习如何驾驶联盟号飞船，将抽取大量血液样本，同时通过格外复杂的程序采集不受污染的粪便样本。

整个夏天，我将穿越欧洲不断出差，以便接受各个团队的培训。培训时长在 3 至 5 天不等。每个细节都需要确定。九月，在法国布雷斯特举办的行前会上，我才会认识未来在南极的队员。我们将一起度过两周的时间，并在此期间发展成为一个团队。我对即将与我一同封锁一年的人们的好奇与日俱增。直到此时为止，我所知的信息仅有：我们一行 13 人，除我以外有 5 个法国人，7 个意大利人；除我之外只有一名女士。所有其他的信息只有到九月才能揭晓。我们这个团队被称为"DC-14"，"DC"是"Dome C"（冰穹 C）的缩写，"14"意味着这是康科迪亚站的第十四次越冬。与此相应，凡在康科迪亚站度过冬季的人便被称为"越冬者"（Winteroverer 或 Hivernant）。

我会从 12 名同事那里采样进行欧洲宇航局的实验。他们是实验用的兔子，但他们都遵循自愿参加的原则，并且可以随时退出。为了保持整个团队在一整年中的动力，需要每个人拥有敏锐的鉴别力。我这时还不知道，这个任务是多么困难。我自己也参与了几项实验，如给自己采血，但这并不是什么复杂的事。

在接下来的夏天，理应是个有趣的季节。第一项训练于七月初在德国航空航天中心进行。我已经非常了解科隆这座城市了。它以高温迎接我的到来，而到了晚上却又下起了一场雨。德国航空航天中心的团队非常友好，我在这里接受了高原医学和极端环境生理适应课程的学习。荧光分析法实验将会在我们到达冰穹 C 的第一天开展。它主要用于监控人类对高原的适应情况，并借此可以研究缺氧情况下人的身体反应、血脑屏障、心肺循环系统以及体液分布情况。

康科迪亚站位于海拔 3233 米。由于极地大气层稀薄，因此，这里相当于欧洲纬度下海拔 3800 米的状态。冰穹 C 的气压更低，其空气中的氧气含量相当于海平面水平的三分之二。对于火星和月球基地来说，这种大气层更有优势：结构不会特别稳定，火灾风险较低，外出活动更为容易。太空服里的压力更小（国际空间站的太空服压力为 30 千帕）。空间站气压为标准大气压（101 千帕），因此宇航员在离开空间站之前必须进行长达数小时的减压处理。美国国家航空航天局（英文：National Aeronautics and Space Administration, NASA）目前的要求是四小时。随着宇航服内的气压不断降低，宇航员开始吸入纯氧，以排除其心肺中的氮气。如果宇航员在几分钟之内就穿上宇航服并且迅速出舱，那么氮气就会由于环境压力的变化形成气泡。这些气泡会逐渐扩大并损伤肺脏或阻塞血管。如果潜水员迅速上浮并导致外部压力变化，也会经历相似的事情。这会导致关节痛、眩晕、体液循环停止、中风等症状。

为了让人类在月球或火星上离开未来栖息地时更容易，环境压力的大幅降低往往会伴随着轻微的缺氧。这样还有一个好处：无需制造大量的氧气。

那么，在多低的含氧量下，人体才能长期适应呢？基于登山者及居住于安第斯（Anden）山脉和喜马拉雅（Himalaja）山脉高海拔地区的几代人群，科学家们已经有了多种短期研究，但目前还没有针对来自低海拔的人群忽然进入高海拔居住一年以上的情

26

况进行的研究。首先，我要研究人在极端高海拔条件下的适应情况，然后再按时间顺序进行记录，最后对抵达之初三个月的适应稳定性进行研究。

为了找到这些问题的答案，我需要采集血样，起初时间间隔很短，然后每月一次，分析这些血样的变化。除此之外，团队成员还需要定期收集自己一整天的尿液。早上和晚上也要记录他们的血压、心率、手脚温度及血氧浓度。我要研究同事们的浮肿情况（组织积液）、吸入空气中的一氧化碳浓度。此外，还要填写个人情况问卷。

27

在德国航空航天中心隔壁的大楼里有一个研究中心——恩威哈布（Envihab）。其中的一个医生——乌利（Uli）带着我走过了这座未来主义风格的建筑。这座建筑位于地下，顶部是一个巨大的、可以被遮盖的窗户，借此可以模仿不同的昼夜循环；房间可以根据人们的需要进行不同的组合；在一个心理实验室里，受检者正接受不同心理压力的测试；另外一些房间则可以模拟海拔4000米的环境。

"看，这里就像你们将要感受的环境！嗯，差不多吧。这里的人当然随时可以走掉，但你们不行。哈哈。"

此外，这里还有一个与世隔绝的区域。在这里可以监控宇航员在太空之旅的期间及之后的技能与健康状况。另一个房间装有人体离心机。这个机器可以让受检者转圈，创造类似高重力的环境。顺着走廊的下一间实验室会对睡眠受到的影响进行研究，考察失眠以及倒班的后果。

与文明世界的作别还需要一些组织上的工作。我得把我的房屋退租并把我的财物安置好。幸运的是，我的实习在我出发之前几乎结束了：九月份我完成了最后两个科室的轮岗——耳鼻喉科和皮肤科。上完最后一个夜班，我立刻奔赴机场，准备去布雷斯特的基地研究所开启启程前的准备。

第二个培训在慕尼黑展开。培训内容是在一家大型医院里学习选择实验（CHOICE-Experiment）。我花费了不少时间，才能在这座拥有无数走廊的迷宫里找到方向。最后，我在顶楼找到了研究者们。办公室里有一个和我家里一模一样的咖啡机，只是我们没有更多时间好好做一杯咖啡。因为紧张的课程马上就开始了。选择实验聚焦于免疫系统。我们的免疫系统通过外界环境的持续挑战维持运转。它在康科迪亚站这种无菌环境下会做出什么反应？在"正常"的世界中四处藏着的病原体、抗原和毒素在南极却并非如此。冰雪的荒原上，没有任何病毒、细菌或真菌能够存活并给人类造成危险。在长达九个月的时间里，那里只有我们13个人。所有我们带过去的可能致病的因素只需数周就可以在我们中间完成几次循环。免疫细胞早就对他们无比熟悉了。因此，我们的免疫系统就不再会遭到新的入侵，它们便无事可做。此外，细胞还会由于情绪上的负担和缺氧的状态陷入压力之中。这种情况也与长期的太空旅行或在其他星球生活相似。免疫系统就像肌肉一样，用进废退。肌肉如果得不到锻炼，就会萎缩。

慕尼黑的研究团队希望弄清楚：如果免疫系统长期无需工作，会发生什么情况？为了寻找答案，我的任务又是采血，每个月收集血样和尿样。为此他们设计了另一个全面的项目：为了收集唾液样本，我们必须在一个像口香糖一样的盘子上咬来咬去，

28

从耳朵后面的地方收取头发样本，同时也要关注糖皮质类固醇、维生素水平和血液中的氮气含量。当然还有很多关于情绪状况的问卷。

我需要重新练习用滴管吸取液体的操作。有一些血液样本需要我现场直接分析。康科迪亚站配备了流式细胞仪（Flowzytometer），以便我能够更好地观察血细胞。在这个机器中，会使用激光束照射细胞，进而通过出现的漫射光束得到所需的分析。根据其大小、粒度和结构，可以对这些细胞进行分类和计数。

晚上，我们在慕尼黑啤酒馆见面并一同享受了最后的阳光。这时我第一次听说了康科迪亚站的故事——为了开启一些实验，我的主管克劳蒂亚（Claudia）在南极的上个夏天探访了科考站。大部分的项目都要持续数年，因为每个冬季都只有为数不多的受检者。这些实验当中，有三个是今年才开启的。而那个来自慕尼黑的实验尽管出现了一些细微的变化，但已经持续了三年。这位研究者有一些故事可以分享，但我感觉，这些故事都是被删减的版本。这时候她本可以向我讲述一切她想说的东西。由于我对一切让人与火星更为接近的事物都具有热忱，而且基于充满悲剧性的英雄探险故事，我的脑海中也形成了极具浪漫色彩的南极印象，无论她的故事怎样都不可能阻挡我的脚步。我绝不会怀疑：在南极度过冬天是一个好主意。

第三项训练在法国中部。圣艾蒂安是里昂（Lyon）附近的一座小城。这里雨水丰沛且散发着我已经习惯了的慵懒的感觉。我将之视为极地天气的磨炼场。然而，这种幻想不久后便消失了。

圣艾蒂安的培训让人感到不适。在慕尼黑时，集合的时间是让我 30
的生物钟发生抵触的七点半，在科隆是八点半，而在圣艾蒂安，
集合时间是"十点到十一点之间，任何我想要出现的时间"。当
我十点左右站在门前时，他们非常惊讶。我们直接就开始吃第二
顿早饭。然后用法语和英语相互夹杂着又讨论了一些关于天气和
免疫的内容。

　　晚上，研究者们一起去了圣艾蒂安各种不同的舒服的小酒
馆。我们一起尝了各种肉排、海鲜、葡萄酒、甜点，频频为了南
极之旅举杯。在这个叫作"冰岛"（ICELAND）的实验中，饮食
是一个很重要的因素。通过吃进去的东西和喝下去的饮料，我们
的免疫系统处在持续的挑战之中。在"冰岛"实验中，肠道微生
物菌群是关注重点。这些菌群可以帮助我们进行消化。在南极，
只有在夏季才有新鲜食物，即便这时也是无比珍贵的。冬季的食
物则无味且单调：预制、冻干、保存。这种食物不会对肠道菌群
造成任何挑战。通过这个实验，研究组希望观察个体的免疫细胞
和肠道菌群如何随着时间而发生变化，同时也比较不同成员之间
的差异。饮食、免疫、肠道菌群与疾病之间有关联吗？

　　康科迪亚站为研究免疫系统和菌群之间的互动关系提供了
一个理想之地。有人认为，在特别干净的环境（如在童年时期） 31
中，免疫系统面临的挑战很少，这可能导致自身免疫疾病和日常
过敏的频发。康科迪亚站作为这种环境的极端代表，是验证上述
理论的理想实验室。在这种极端隔离条件下的身体和精神压力状
况也是研究者们感兴趣的内容。

　　为了进行"冰岛"实验，我又要采血、收集唾液、采集粪便

样本。为了配合研究，厨师也会精准地记录我们的食谱，此外还要通过问卷的形式倾听个人的声音、工作强度和压力等。

在我的同事们中间，粪便样本可能很不受欢迎。采集管通常配有一个小勺和一盒纸片，纸片要贴在马桶上，然后让"成果"尽可能瞄准并落在纸片上。

"这有点复杂。根据量的不同可能发生某些情况，比如所有荷载的东西连同纸一起都掉进马桶里。这些东西会被马桶里的水污染，所以前面的过程就得重复一次！不过人总会慢慢适应。那些在国际空间站的航天员也必须准确瞄准。"

这个项目的督导兴致勃勃地给我讲述这个过程，同时还把要贴在马桶上的纸片放在了鼻子下面。我礼貌地点点头。很难想象，我会将这个采集过程以航天员经验的名义推荐给我的同事们，但至少值得一试。

为了能够正确地评价分析结果，研究者需要知道每个参与者的标准值。为此，在九月会面的时候，这三个实验的第一轮采样就已经完成了。最后一轮则会在我们回到欧洲半年以后进行，以便查验相关数值是否回归到正常水平。

我的探险计划引起了医院同事们的惊叹和兴趣。至少今年余下的漫长的夜班里，我们都有足够的话题了。

我的老板找我时可能会咯咯笑着说："我们的南极女博士呢？我现在需要一位头脑冷静的女大夫！"然后对从我们身边经过的病人说："她马上就要去南极了，不过那里天气并不比维也纳好。"病人们可能本来只是路过，听了这些话后，一时摸不到头脑。

我很期待第四个实验的导引——模拟舱驾驶实验

（SIMSKILL）：八月份，我来到斯图加特大学火箭科学研究所学习到如何驾驶联盟号飞船。联盟号是俄罗斯的宇宙飞船，将把国际空间站的宇航员们重新带回地球。我学习的目的是测试在隔离情况下自身运动能力和认知能力的变化。为了展示我的学习能力，我这次带了雨伞和防水夹克，然而却没有下雨。

模拟舱驾驶实验也与航天领域直接相关：当航天员们花费数月时间飞向火星时，他们的条件与我们在南极的情况类似（与世隔绝且环境极端）。当他们最终到达旅程终点时还能够操纵飞船着陆吗？在隔离飞行期间，他们的运动和认知能力会发生怎样的变化？他们要多久进行一次操作训练，才能够完美掌握？为了找到这些问题的答案，我和我的同事们被分成两组。其中一组每月在联盟号模拟器中训练一次；另一组每三个月训练一次。联盟号模拟器是一个很小的空间，里面配备了一个驾驶位、两个操纵杆和三个显示器，还有多个可调控的场景，其目标只有一个，即与国际空间站对接。我可以通过一个特别的程序对同事们的操控进行评价并观察其能力随着隔离进程而发生的变化。

这项训练与之前的训练有一点差异。我的督导娜塔莉（Nathalie）曾经在英国位于南极的哈雷六号（Halley VI）科考站度过一个冬天，此外还在其他研究站度过数个夏天，其中也包括康科迪亚站。她对那片大陆的困难和特点了如指掌。她的开场演讲不仅是一个关于实验的讨论和介绍，同时也是一次南极越冬者的心理学导论。从她这里，我第一次听到了未被删减的故事。

当熟悉了关于对接的全部知识、国际空间站对接口的特征以及联盟号操作杆和显示器的全部细节以后，我就可以进入模拟舱

33

21

了。这里可以调控不同场景：目的始终都是和国际空间站对接，包括手动对接。通常来说，宇航员不需要亲自完成联盟号的对接任务，这个过程已经实现自动化。但如果这个过程出现问题，那么宇航员就需要通过屏幕和潜望镜完成操作。如果屏幕也失灵了，那么潜望镜就是唯一的辅助方法。这两种场景都需要进行练习。还有一些更困难的情况，例如国际空间站转向了另外的方向且不受控制地沿着不同的轴转动，或者是对接环境中充满了空间站太阳能板的碎片。

太阳落山了。布雷斯特行前会越来越临近了，我也将第一次见到我的同事们。八月底，我大部分的行李都已经在路上了。我可以寄送 120 公斤的货物到南极去，首先通过邮寄的方式运到布雷斯特，在那里会装进一个集装箱然后运送到澳大利亚。接下来再随破冰船到达南极海岸线，再由履带越野车牵引的雪橇送到康科迪亚站。

去一个与世隔绝一整年的地方都需要带些什么呢？很多都是食物。典型的奥地利零食和巧克力、腌肉以及香肠等，一切拿出来能让大家感到高兴的东西。除此之外，还有好茶，很多双袜子，当然也有些有意义的东西，以防自己太过无聊：德语书、英语书、意大利语和法语教材。电子琴、琴谱。素描本、记事本。哈勃望远镜拍摄的星云海报，用以装点我的实验室，当然还得带上备用眼镜。我装完这些东西，箱子就差不多满了。但还有一丝不安的感觉。如果有什么东西用完了怎么办？我装了足够多的牙膏（不，并没有）、卫生棉条（不太多）、润肤乳（刚刚够用）、维生素 D（不够给那些忘记带的人）吗？

我当然还想带一些不同的植物种子（罗勒！牛至！花！）还有土！但是由于南极条约体系，我们不能带任何有生命的东西上去。否则可能造成这片未被触碰的环境遭到污染——动物、植物、土、种子都被禁止了（除了部分出于研究目的携带的种子）。唯一允许出现在南极的陌生物种就是人类，且尽可能是成年人类，虽然大部分科研站并没有禁止儿童入内的条款。20 世纪 90年代，有几个科考站还配有雪橇犬，但我觉得这更多的是出于怀旧和陪伴的需要。其中最后一只雪橇犬在大概 30 年前离开了这片大陆。

　　1959 年，12 个国家共同签署了《南极条约》（Antarktis-Vertrag），以确保在这片冰冻土地上和平合作。这个针对南极的法律体系目前已经得到 51 个国家的认可。在这项法律生效以前，7个国家像分蛋糕一样宣布了自己对南极部分土地的主权。部分地区还同时被不同国家主张，例如英国、阿根廷和智利都曾主张南美洲南部的土地归本国所有。这块大陆上五分之四的土地就这样遭到"瓜分"（只有南极大陆西部因在大西洋以南而难以抵达，因此无人主张其主权）。《南极条约》平息了这些宣布主权的呼声，但是这些国家也并未撤销其主张，只是不再允许新主张的出现。美国没来得及在南极分一杯羹，但它直接在南极建设了阿蒙森—斯科特考察站，位于整个蛋糕的核心地带。在这些签署条约的国家中，只有在南极进行重要科研的国家才拥有投票权。那些无法在南极建设考察站的小国只能空手而归。

　　《南极条约》规定和平利用极地地区需以自由的国际合作为基础，此外条约禁止在极地地区从事军事活动、核爆炸或引

35

入放射性垃圾。《关于环境保护的南极条约议定书》（Madrider Protokoll，又称《马德里议定书》）进一步明确了环保要求并反对矿产资源的开发。然而，《南极公约》是无限期的约定，《马德里议定书》则将在 2048 年失效。届时关于该议定书是否终结可能会出现不同的声音。2048 年以后，这份议定书也可以在所有缔约国同意的情况下进行变更。

除此之外，有几个国家找到了可以进一步主张南极领土的方法。1978 年，阿根廷将一位孕妇派遣到埃斯佩兰萨（Esperanza）站，不久后生下了第一位南极人。智利感到自己遭到了挑战，于是做了和阿根廷人一样的事情。至今，至少有 11 个孩子在南极出生。智利还进一步修建了幼儿园、小学和银行，在其科考站里安置了完整的家庭。但这只是个例，大部分科考站还都只用作科研。

我对于第一次与同事们的见面越来越好奇。时间已经到了九月初，距离见面的日子只剩下几天的时间了。不过我还有最后一项训练：我要去勃朗峰（Mont Blanc）接受为期一周的山地营救培训。在出发前的最后一个周六，我完成了在医院皮肤科的最后一个夜班。我忽然想起，我的登山鞋还放在我父母克拉根福特（Klagenfurt）的家中。去往夏慕尼（Chamonix）的航班周日下午就要起飞了……在诊断一个银屑病病例和处理一个蜱虫叮咬病人的间隙，我疯狂地回忆我在维也纳（Wien）的朋友们的鞋码，最后给一个朋友发了信息：我明天能借你的登山鞋穿一周吗？我很快得到回复：当然了。一起吃个早饭吧。

我下了夜班并在和朋友吃了早饭之后就迅速回到家，打包行李，赶往机场。我的第一程航班因为天空下起了瓢泼大雨而延误了。为了赶上转机到日内瓦的航班，我飞奔的脚步在中转站慕尼黑空荡荡的机场大厅里发出了回声。在登机口前，我很不优雅地踉跄着停下来，问道：“我来晚了？”登机口的女士面带微笑，沉默着等我把问题说完。我的问题很不精准，我补充道：“去日内瓦的航班？”

“没有，没有，那个航班晚点一小时。”

我深呼吸着瘫坐在最近的座位上。当时我的感觉是，在机场和火车站之间奔波的这几个月总算熬过去了，大部分奔波都是因为夜班造成的。康科迪亚站将是一次休整。想到这里，我笑出了声。坐在旁边的男士显然因为我匆忙的样子感到疑惑，他看了我一眼，然后尽可能地拉开了我们之间的距离。

刚到日内瓦我就收到了一条信息：伊万（Ivan）——在夏慕尼等着我的一位训练员告诉我，山谷里下起了冻雨，因此，他改变了计划，今天不必再爬勃朗峰了。

“我们或许可以去吃个披萨？”

我看了一眼巴士时刻表，我到夏慕尼可能已经晚上九点左右了。

“好的，可能我们明天再爬山确实好一点……”

第二天阳光普照，但寒风依然刺骨。天空中没有几片云，刚开始爬山我就冷得直发抖。然而就一瞬间的工夫，浓雾又笼罩起来，阻碍了我们看向山谷的视线。走在被冰雪厚厚地覆盖的山路上，我很庆幸自己借了一双登山鞋。伊万走在我前面，边唱歌边跟我说这是对南极之旅最好的训练。

38 　　"这对你来说正合适！"

　　我很想回答他，但是我有点缺氧，说不出话来。可能在南极之行之前，我还应该做点身体训练。

　　正好在午饭的时间，我们到达了休息屋所在地。里面并不比外面暖和。不过那有几个很友善的人给我递上了一杯热茶，并给我们指了去往地下会议室的路。在会议室，裸露的石头墙让它看起来比其他房间更冷。在几张啤酒桌和长凳上，分散坐着六名其他等待受训的医务工作者和几位演讲者。我朝保罗眨了眨眼，他是法国极地研究所的急救医生，我在巴黎参加面试时他也在场。

　　法国极地研究所在南半球有多个科考站：在每个法国亚南极带岛屿上都有一个科考站（凯尔盖朗（Kerguelen）群岛、阿姆斯特丹（Amsterdam）岛、克罗泽（Crozet）群岛）；在南极海岸线上的阿黛利地（Terre Adélie）也设有一个科考站（迪蒙·迪维尔（Dumont d'Urville）站）；还有和意大利国家南极委员会共有的位于南极高原核心地带的康科迪亚站。每个科研站以及在附近工作的科考船"玛丽·杜夫雷斯"（Marie Dufresne）号都配有一名医生。康科迪亚站由一名意大利医生负责医疗事务，而我的任务主要是辅助科研。我两周前才认识了这位意大利医生。九月时，医生们将在勃朗峰附近接受急救和山地营救的训练。那里的环境非常适合：山地条件模拟了亚南极带地区，寒冷和冰雪模拟了南极科考站。

　　我们迅速进入课程，开始讨论低温症、冻伤疗法、冰川裂隙及最后的救援等。我们练习了人工复苏、做复杂的滑轨、绑绳

39 结，并观察了那些岛屿的照片。下午，又开始下雪了，演讲者们

有了一个在他们看来特别好的主意：我们可以进行第一次实战练习了。他们选我充当被营救者的角色，并给我配备了羽绒服和几双厚袜子，还跟我说道："穿上吧，要持续好一会儿呢。"

我包裹得严严实实，和一个陪同者一起朝山上走去。雾很大，无线电设备嘎嘎作响，鹅毛大雪纷纷扬扬。30分钟后，我们到达了一块布满石头的地方。我被告知要假扮腿部骨折的伤员。这当然没问题，不久后，我的救援队就到了这个角落。一共有六个人模拟医生，但每个都想帮忙。我们的组织过程非常戏剧化。一个人坐在我旁边以便能够更好地和我讲话，其他人则忙着把我搬上担架。

"小心！现在！"我听见我们的教练员保罗喊道。我只能看到一小块天空，雪一直落在我的脸上：我躺着，固定得很稳，在一个山地救援担架上。我周围有四个人在大声喘息，他们沿着坡滑动并使我保持平衡。左边是悬崖，右边是高山。经过40分钟的摇晃，我已经有点晕船的感觉了。我的胃开始剧烈反应。尽管穿着羽绒服，但我还是很冷，其他人的T恤里面则已经开始流汗。事后回看，这是模拟了康科迪亚站冬天覆盖着积雪的通道：在山坡和悬崖中间，无助地交付给不久前还完全不认识的陌生人，四周是积雪、严寒和黑暗。

当我重新回到休息屋的时候，我很开心并且确信即使在南极我的骨头也会被治好。

晚上，为了看高原的星星，我们爬到了更高的、被黑暗环绕的地方。脚下是点点的灯光，头顶是闪亮的银河。我们静静地躺在雪地里，欣赏着这一奇观，直到有人轻轻地说："不久后，我们 40

每个夜晚都会看到这样的景象。甚至更漂亮。你们能够想象吗？"

不能，真的想象不到。不久后，我们将在 4 个月的时间里经历这样的美景。黑暗、星辰、寂静。

41　　我将会和哪些人一起去探险？这个问题仍然没有答案。

第二章　团队伙伴

在各个方面，特别是心理方面，项目的风险性都极高。决定在这里住下的人将会面临自然的苦寒。黑夜就如同在月球阴暗面一般，那种隔绝的状态无法被任何尘世的力量所照亮……

冒险家可以通过简单的设备充分地保护自己不受寒冷的侵害。面对与世隔绝带来的巨大风险和种种意外，他们拥有与生俱来的创造力和想象力。

面对黑暗，他只有自己的尊严，别无其他。

——出自理查德·E.伯德（Richard E. Byrd），
《在南极，孤身一人》（Alone），1934 年。

接下来的一周中，阳光始终洒在布列塔尼（Bretagne）的海面上。我从勃朗峰直接去了勒孔凯（Le Conquet），法国极地研究所就在那附近。这时，我和大约 80 个法国人一起坐在会议室中。在即将到来的冬天，这些人都将在法国极地研究所不同的科考站中度过。康科迪亚站只是其中一个，也是唯一一个位于南极核心地带的科考站。

20 世纪 90 年代，有人认为在冰穹 C 建立一个由两个和平合作的国家共同运营的科考站是一个好主意。在这片没有任何国家的大陆上，在这块曾被澳大利亚主张为领土的"蛋糕"中，在这片整个冬季都没有任何人能够离开的地域里，法国和意大利共同建立了一个科考站。这种形式的科考站，整个南极只此一家。其他科考站都由一个国家单独运营。在法国、意大利合作的科考站里，团队伙伴中一半是法国人，一半是意大利人。于是，这里同时具有两种语言、两种文化。我一开始认为，他们可能并没有太大的不同。至少两个国家对于美食、美酒都有着同样的热忱，且在奥地利人看来，他们都一样的热情奔放、热衷社交。一眼看去，他们并没有太过于不同，但是进一步观察就会发现，这些不

41

42

30

过是想象而已。康科迪亚站就像是一个实验室。观察这些人如何表现听起来既紧张又有趣。然而，如果整个冬天都深陷其中并试图在两种不同文化之中不断调停，就不是什么令人兴奋的事情了。

行前准备的第一周由法国极地研究所负责组织，来自法国的团队成员参与其中，而来自意大利的团队成员则正在意大利北部参加另一项训练，因此只能在第二周再加入我们。

在会议室里，我遇到了我第一位伙伴。

"我是柯林（Coline）！"一位年轻女士一边对我说，一边毫不掩饰地将我从头到脚打量了一遍。我们俩是队里全部的女性。柯林23岁，比我年轻5岁。她身材矮小，长着浓密的棕色头发，从外形上看就与我区别很大。在接下来的几个小时里，她一直滔滔不绝地说话，呼吸这种无聊的事情几乎无法打断她的演讲。我暗自觉得好笑：她需要的空气一定比别人少。她刚刚在格勒诺布尔（Grenoble）完成了冰川学学业，并将负责康科迪亚站进行的法国冰川实验。

43

在研讨会的休息时间里，我们又见到了四位法国同伴。56岁的安德烈（André）是所有队员中年龄最大的一位。他自多年前就定居在意大利南部。因此他既能说法语，也能说意大利语（但是不会英语）。安德烈是康科迪亚站的首席技术员，负责管理发电机及队伍里其他三位技术人员，他为此感到非常骄傲。为了能够更好地了解我们，安德烈主动为在勒孔凯的晚餐定了位置。柯林和我一进入餐馆，他就立刻站了起来，尽管他的高度并没有因此发生太大的变化。反而是他晃动的手臂引起了我们的注意。坐在他旁边的是 53 岁的雅克（Jacques），也是队伍中较年长的成员。他身姿笔挺，仿佛在军营中度过了很长时间一般。只有当他讲述自己在非洲做机械工程师或在法国南部跳伞的经历时，他严肃的面庞才会放松起来。在我们最初的对话中，我始终带着无助的微笑和困惑的表情。当我用英语同他讲话时，他也同样疑惑地微笑、点头。

弗洛伦廷迈着自信的步伐走向我，他笑着对我用德语说道："你好！我是水管工人！"

44　　我自言自语道："为创造这个职业的人欢呼！"弗洛伦廷听懂了我的话，咯咯地笑起来。他今年 24 岁，来自巴黎附近的一座法国城市——兰斯（Reims）。他曾在科隆工作过一年，因此他会说德语。在布列塔尼我就领教了他狂野的舞姿和极具感染力的欢乐。他负责康科迪亚站的设备安装、水循环和采暖系统的运维工作。

雷米（Rémi）是技术组的第四位员工，是所有成员中第二年轻的一位。他是电力技术员，同时也可以充当滑雪教练。他出生在法国中部——一个四周环绕着山丘的养牛场上。他一眼看上去有些害羞，略带讨好的神情，脸上总是挂着笑意。

次日，法国极地研究所大楼的走廊里张贴了印有各个站点成员照片和名字的海报。为了寻找意大利成员的面孔，我和柯林一直在寻找康科迪亚站。由于意大利成员下周才会出现，因此我们都很好奇。

"啊，我们在这里！"柯林指着其中一张海报说。我们的面部表情好像是被国际刑警通缉的嫌犯照片或是西部牛仔片里的悬赏照片。似乎有人从可供选择的照片中挑选出了无生趣的一张为乐趣一样。

"那是些什么人啊？你要和这些人一起关上一年吗？你现在还能改变主意吗？"我把这些照片发给一些朋友，几乎所有人的本能反应都是如此。我通常会回复说："我自己的照片看起来也像个悬赏的人头。"至少，那位厨师在镜头里笑得很开心。在这样的一趟旅程中，厨师的心情格外重要。

一周的时间在各种各样的报告和对本地餐馆的探索中飞速过去。我们听了关于法国极地探索的历史、凯尔盖朗群岛的故事。周日下午，我们开始等待意大利成员的抵达。天气非常阴沉，一整天都在下着倾盆大雨。我和五位法国队员一共拥有两辆巴士，用于去机场接意大利成员。弗洛伦廷和安德烈自告奋勇担任司机，他们已经做好了出发准备。但问题是：我们不知道意大利人何时降落。我们只是隐约知道他们降落的时间大概在"下午晚些时候"，但并不知道确切的时间。而机场距离我们的位置又很远。我们尝试着拨打了上周我们收集到的所有电话。或许总有人会了解得更加详细一点吧？然而这一切都是徒劳的，这一天是周日，我们需要自主行动了。弗洛伦廷和安德烈带上了一张"通缉海报"，上了巴士，碰运气似地出发了。我们期望他们抵达的机场至少是布雷斯特的那个机场，而不是戴高乐机场。

天色越发阴暗，雨滴猛烈地敲击着车窗。我不耐烦地等着大巴车回来，尽管天气恶劣，但我又一次拿出了我的跑鞋。穿过沿着危岩而立的城镇，狂风在我耳边呼啸。一路上时不时也有其他孤独的跑者路过，但我只有两次看清了他们的面孔。我们对彼此

45

46 露出了短暂的微笑——你也是有点疯了吧？——然后又重新陷入自己的思想，狂风则一直试图掀掉我们的帽子。想到不久后我就一整年都看不见大海、树木和鸟儿，也无法再感受冰冷的雨滴落在我的后背上，我产生了一种超现实的感觉。我享受这次跑步、停留、等候、观察，看波涛如何拍击在岩石上又碎裂开去。在灯塔前不远处，我掉头返回。我要留一点时间赶在意大利队员达到之前冲个澡。我不必在见第一面的时候就用这副样子吓唬他们，未来一年里我还有的是机会。

　　法国的成员们都很友好。尽管柯林是其中唯一一个可以与我用英语无障碍交流的人，但其他人也努力地尝试理解我的意思。弗洛伦廷和雷米看起来有点像兄弟，至少他们看起来有种相似的幽默感。好处是，我们不需要使南极的生活发生没必要的复杂化。这时我的想法还很天真，尽管我已经慢慢意识到，仅仅因为我是一名女性，事情就已经很复杂了。

　　夜幕时分，意大利成员终于到达了。弗洛伦廷和安德烈在布雷斯特的机场和火车站找到了他们：康科迪亚站的七位意大利成员和意大利国家南极委员会的代表团。柯林和我在狂风暴雨中前往旁边的休息屋，以便认识所有的成员。远处的天空划过一道闪电，头发在风中乱舞，我们不耐烦地寻找着屋子的入口。最终，我们旁边的一扇门开了，有一瞬间我被亮光晃晕了。然后我们就

47 被其他成员高声的欢迎环绕起来。很明显，这些意大利人几天前就已经认识了彼此并组成了一个团队。事实上，意大利队员已经共同训练了几周，其中也包括在勃朗峰脚下进行的冰川训练。当我在悬崖里被法国人营救的时候，意大利人正在山的另一侧进行

训练。

柯林和我开始逐个表示欢迎，这令人精神紧张。人们并不总是能感受到初次见到那些将和自己隔离一整年的人的心情。

第一个和我打招呼的人看上去很可爱：他的笑容开朗且直率，脸上洋溢着热情和几分调皮。他的手掌坚定而有力。这是一位仪表堂堂的男士。

"你好，我是阿尔伯特（Alberto），我是医生。"

我想象出一幅画面：阿尔伯特在苏特兰高地，从他的哈雷摩托上下来，取下头盔并讲出这句话的样子。他告诉我，他来自热那亚（Genua），今年53岁，是一名妇科医生。我想这很好，对我和柯林来说都是很不错的，尽管这个选择对于一个隔离科考站来说显得非常独特。接下来的交流中我们得知阿尔伯特已经作为急救医生工作了几十年，主要是跟随救护车出诊并在车上处理需要急救的病人。他非常安静，但同时又很擅长讲故事。真希望在漫长的极地之冬里，我们所有人都能从他这个特质上获益。

坐在这位医生旁边的是马里奥，他同样面带笑容。与阿尔伯特不同，马里奥打扮得非常精致有序：衬衫、毛衣和山羊胡。他不知所措地转动着左手上宽宽的戒指，显然是不久前才戴上去的。他是康科迪亚站的信息技术专家，负责那里极少被使用的网络和我们交流使用的无线电设备。

当我和第三个人打招呼时，我已经忘了第一个人的名字。好吧，接着介绍吧：马可（Marco），39岁，举止优雅，仿佛要做拜日式的瑜伽动作一样。

"很高兴见到你！"他的笑容背后有些我无法解读的东西。他

48

是一个充满热情的程序员，撒丁岛（Sardischen）射电望远镜软件组主管。这个射电望远镜是全球最大的射电望远镜之一。马可是我们这里的天文学专家。他对天文充满热情，同时也是极具天赋的业余摄影师。此外，我的第一印象也得到了确认，他是狂热的业余瑜伽老师。

马可旁边的男士则正好相反：他不耐烦地将重心从一条腿移动到另一条腿上，袖口和短裤边上露出五彩斑斓的刺青。轮到他自我介绍时，他将一绺狂放的棕色头发塞到耳朵后面。他咧嘴的狞笑让我不由自主地想起了杰克·尼科尔森（Jack Nicholson）在电影《闪灵》（Shining）里面的角色，当然他看起来略显无辜。他跟我说的第一句话就让我笑了起来：就这样我认识了我们的厨师马可·S*。他今年36岁，来自米兰附近的一个小镇，原来从事平面设计的工作。在澳大利亚生活期间，他发现了自己对披萨感兴趣，因此返回意大利以后决心进入一家厨师学校学习。他的思路通常很跳跃，有时候不由自主地有一些奇怪的想法。他总是不加思考地想到什么就说什么。他的工作是最艰苦的工作之一：每天给自己和其他12个人做两顿饭并不是什么有趣的工作。

49　下一个人看起来仿佛是日本武士电影里的角色。我迅速地观察了一下他，这时他刚好和柯林做完介绍并转向了我。他有着一头浓密的黑发和长长的胡子，深沉的双眼里透露出友善的感觉。他的声音中有一种天然的谨慎感，似乎他每句话都是深思后的结果。莫雷诺（Moreno），41 岁，是我们的电脑专家。他的任务是进行地震学、宇宙气候学和地磁学方面的研究。他将利用一个专门为此开凿的洞穴对全球范围内的地震和南极的磁场变化进行观察。在与他短暂地交流后，我认为他或许可以讲一口流利的克林贡语（Klingonisch）。

除莫雷诺外，我还看到了一个友好的人。在伸出手之前，菲利普（Filippo）扶了扶他的蓝色眼镜。他刚刚完成物理学学业，在康科迪亚站负责气候学研究。今年 25 岁的他是意大利团队里最年轻的成员。他穿着登山裤和徒步鞋，让人觉得他仿佛随时可能开启一场阿尔卑斯山的穿越之旅。最让人印象深刻的是，他有一种能力，似乎随时能够将关于气象气球的讨论引导到科学在人类和平共处中的角色这个话题上。当我还在惊奇对话是如何转向这个话题时，他早已热情洋溢地深入讨论另一个话题了。

这时我忽然发现，自己几乎一个名字都没记住。柯林从我旁边走过的时候，我绊了一下，然后才发现我已经来到了最后一个人这里，第 13 个团队成员。

"可你根本不是意大利人啊！"柯林对着他喊道。当我走到他面前时，我感到很多目光也跟随而来。

50

他仿佛不知道应该把自己修长的双臂和双腿放在哪里。这种姿态有种令人愉快的魅力。我自己也有同样局促的感觉，因此感同身受。但当他向我做自我介绍时，我迅速忘记了之前的第一印象。在我们短暂几秒钟的谈话中，希普利亚（Cyprien）与我对视的样子让我感到仿佛自己是世界上最有趣的人。从他的笑容里，我甚至看到了我自己对这次旅程的期待。也许恰恰因为如此，在我看来，他似乎比别人都更加高大。当我们带着微笑各自往后站一步时，我的鼻子中依旧萦绕着一种令人愉快的香味。

事实上，希普利亚并不是意大利人，而是受意大利国家南极委员会雇用的法国人。他是天体生物学家，刚刚做完博士学位的研究，即将作为意大利的冰川学家、研究站站长在康科迪亚站工作。除了厨师之外，他的任务最为艰难：他是权威人物，是团队的领导者。他是由两个极地研究所共同选出的领导者，但是在极地工作期间他不能对任何人的过失行为进行处罚，而是要对任务的进程负责，还要充当发生争执的成员之间的调停者，此外也要始终处于被监督的状态之中。尽管希普利亚只有 27 岁，但是他却被选中承担这份工作，因为几年前他曾经参加过夏威夷的"隔离任务"。

作为唯一的奥地利女性，我的心情很复杂。我感觉自己的一只耳朵迷失在交错的法语单词当中，另一只耳朵则迷失在意大利笑话带来的笑声当中。有一次，我似乎感受到了因为语言障碍而造成的被排挤的危机。我的法语虽然不赖，但意大利语却处于初学者阶段，由于文化差异而造成的困难比以往任何时候都更加明显。

当我转向团队时，气氛仍然非常舒适。所有的目光都聚焦在柯林和我的身上。有人很友好地重复了一遍所有人的名字：阿尔伯特、马里奥、马可、马可·S、莫雷诺、菲利普、希普利亚。他们和安德烈、雅克、弗洛伦廷、雷米、柯林及我一起，组成了这个 13 人的团队。我们对着彼此微笑，笑容中还有些许的不确定之感。这就是我们的第一次会面，不久后，我们将一起在地球上最寂静的地方、一个狭小的空间里度过一整年。我将会非常了解这 12 个人。在这种条件下，我们能发展出亲密的友情吗？或者在任务即将结束的时候，我会很高兴再也不用每天见到我的死对头了？

所有的人还在盯着我看。这是一个历史性的时刻，说点什么吧！

"嗯，你们饿了吗？"为了掩盖我肚子里发出的咕咕声，我用很大的声音问道。

"是的！"

紧接着，我们顶着暴风雪踏上了去往勒孔凯一家小饭馆的路上，这是康科迪亚站第 14 次越冬团队的第一次集体晚餐。

第二天，我们全部出现在法国极地研究所的一间研讨室里，这次与会的只有康科迪亚站团队成员和极地研究所的陪同者。我给我未来的同事们讲解了欧洲航天局的实验，希望大家已经做好了参与其中的准备。在展示的过程中，我详细地介绍了每个实验，解释了为何要进行这项实验，同时也说明了这个冬天对实验的参与者意味着什么。这些实验中有三项要求我每个月对团队成员的血液、尿液、唾液和粪便进行采样，并需要他们填写不同的问卷。第四项实验，即每个月驾驶一次模拟航天舱。这意味着每次都需要花费 2～3 小时的时间进行不同的认知和运动测试。最终，所有人都被成功动员并表示愿意参与我的四项实验。

为了搜集在海平面高度、一般状态下的正常值，我们第二天就进行了第一轮实验，包括采血、收集尿样和粪便样本，通过咀嚼口香糖收集唾液等。

52

在勒孔凯几日之后，我们就迎来了下一部分的训练：我们去往布列塔尼北部的巴茨（Batz）岛。在这里我们将被塑造成一个团队，迎接我们的是一个团建活动。

我们一起划艇、做饭、（自愿）在冰冷的大西洋中游泳以感受低温环境、组织急救练习、举行讨论课探讨在康科迪亚站可能遇到的问题并寻找解决方案。我们学习了心理学理论课程，一起进行了长时间的散步以增进对彼此的了解。

最后一晚，我们探访了驻地旁边的植物园。这里的经历比起我在海边的最后一次跑步更具有魔幻和超现实的色彩。这里生长着多种热带植物、棕榈树、仙人掌。咸涩的海水味融合着欣欣向荣的植物的味道。我们每个人脸上都洋溢着微笑。我本来在和几位成员交流关于心理学课程的看法，但由于我们总是想聊一聊身边独特的环境，因此被迫不断地跑题。尽管天色已晚，但阳光依然温暖。我已经很久没有过这种放松的感觉了。植物园中散发着休养生息的气息，树木在暮色中闪烁着微光。在某处光线的边缘，我发现了一株智利南洋杉。

"这是我第二喜欢的树！"

"你最喜欢的树是什么？"

"银杏树，当然。"

我未来的科考站领导微微一笑说道："有趣，我也是。"

我们朝着彼此微笑，非常放松，在这片斑斓的植物海洋之中。前面等待我们的是冰雪的海洋，是在寒冷和黑暗中隔离的一年，但是如果我们连最喜欢的树木都一样，还能发生什么坏事呢？

　　第二天一早，我们的小队迎着日出，在低声交谈中穿岛而过，来到了出租船的站点。

　　我已经等不及去看看南极大陆了，也等不及进一步认识我的同事们了。我们彼此告别，或许都隐约预感到接下来的冬天将会发生什么。当我走向机场的时候，似乎再一次感受到，大家的目光也跟随我走了。明年应该没问题。

第三章　在南方

关于这趟旅程我能讲给你的东西太多了。

它远胜过在舒适区，在家里端坐。

——出自罗伯特·斯科特帐篷中发现的

一封给朋友的信，1912 年。

2017 年 9 月 18 日的一个早上，云层聚集在维也纳上空。我最后一次站在公寓的阳台上。有几滴雨点坠落，风吹得很温柔。等待我的是南极的夏天。我朝我留在这里的一切投去深长的目光。至少，下雨在南极是一件罕见的事。关门的声音给我的维也纳生活画上了一个句号。我把三个行李搬上了电梯，出租车已经在楼下等候了。我刚一上车，司机就踩下了油门，等我想要回头看看时，已经来不及了：我过去几年租住的房子已经消失在拐角处了。

"去机场？您要去哪里？"

"去南极。"

"那您在出发之前要再看看维也纳。"

我敷衍的态度让司机感到无趣，于是他打开了收音机并调到了旅游频道。如此一来，我就有机会同各种咖啡馆、还愿教堂[*]、城市花园、多瑙河以及环城大道——作别。我们很快就到达了机

---

[*] 还愿教堂是一座天主教教堂，位于维也纳环城大道西北角的罗斯福广场。——译者注

场。在办理登机手续时，一位友好的女士递给了我一张票，上面写着：维也纳—巴黎（Paris）—香港（Hongkong）—墨尔本（Melbourne）—克赖斯特彻奇（Christchurch）。在登机口前，我吃了一块巧克力蛋糕，打电话和我的家人、朋友道了别。我脸上的笑容越来越明媚，我给那张票补全了行程：克赖斯特彻奇—特拉诺瓦湾（Terra-Nova-Bucht）站—冰穹 C—康科迪亚站。这是我们未来一年的家，探险即将开始。

而在巴黎机场，出现了我的第一次困难——我忽然收到一个短信让我在机场的大厅入口与一名法国同事会合，因此我必须从登机区返回到值机柜台，但是值机柜台似乎在另一座建筑物里。几分钟之内我就彻底迷路了，我没有找到值机柜台而是再次出现在安检口。我不得不找各种人问路，但是没有一个人指出了正确的方向。我想要找个机场工作人员求助，却一个都没见到。一个安保人员用越来越疑惑的眼光盯着我，因此我不得不原路返回。在一个路口处，我看到了出口标志，但它却把我带到了非正式的紧急出口。此时，我因为迷失方向而非常紧张。尽管如此，打开一扇明显不应该打开或最多只能在紧急情况下被打开的门也并非一个明智的选择。我看了一眼手表，我已经迟到了十分钟。我忿忿地转过身去，差点就错过了站在我身后的穿着机场制服的年轻女士。我把机票递到她眼前并且用极富创造力的法语解释着我要去什么地方。她迷茫地看着我，我的表情应该非常可疑。她笑着打开了那扇门，带着我穿过空荡荡的走廊，很容易就到了值机大厅。

一通电话之后，我看见了我的法国同事出现在远处。薇薇安

56

45

（Viviane）——法国极地研究所的秘书，也来到这里和我们道别。在过去的两周，她一直在为我们的愿望操心。现在她递给我们每人一个厚厚的信封："去南极的票。"信封里装着我们前往南极所需的各种官方文书。如果没有这些文书，要去澳大利亚和新西兰是很困难的——因为通常都需要护照和回程机票。薇薇安和我们逐一拥抱，并祝我们一路顺风。当我踏上自动扶梯想和她再眨眨眼时，我看到她眼神里有种忧伤的感觉。我在心里盘算，在这个岗位上，她跟多少人做过告别，其中又有多少人是由她负责照管的。我的同事也在强忍泪水。我们走到了扶梯的尽头，告别的时刻结束了，有人开了个玩笑，所有人都笑着松了口气。我们满怀期待地登上了前往新西兰的飞机，兴奋地想象着即将迎接我们的生活。

我们在克赖斯特彻奇的酒店花园的阳光下与意大利成员会合了。我们几乎准备好了。今年是康科迪亚站第一次尽可能确保所有越冬成员同时抵达——一起旅行，一起抵达，一起经受康科迪亚站的高原反应，一起遗失在科考站里——这些举动是为了提升团队感，让我们在夏季就成长为一个团队。我们中的 10 个人在十一月中旬启程；物理学家菲利普提前一周抵达，以和他的前任进行交接；我们的厨师马可·S 会在两周后抵达；团队领导、冰川学家希普利亚将在一月份作为最后一个成员抵达。

在克赖斯特彻奇城郊的国际南极中心（英文：International Antarctic Center），我们将接受飞往寒冷地带前的安全培训和求生训练。我们面前有一箱飞行急救设备，一位新西兰裔意大利人给我们讲授了在雪地紧急降落或坠毁时的注意事项。

"你们要学习哪些技能、拿什么东西才能确保不被冻着？"

"返回新西兰的机票在哪？"

"如何建造一个圆顶冰屋？"

他向我们介绍了他自己最喜欢的铲子。

"你们可以利用什么制作食物？"

显然是雪。第一是雪。第二是飞机上的燃料。诸如此类。

"你们怎样才能把掉进冰川裂隙中的人拉出来？"

他犹如在进行一场哑剧表演，深深吸引了我们。

最终我们得到消息，原定于第二天的航班被推迟了：从早上7点钟推迟到下午2点钟，大家都为此感到高兴。晚上，我们拖着疲惫的身体来到了房间，迫不及待地看到50多个小时以来都没见过的床铺。我和柯林一起住在一个四人间里。然而，在我们每人从南极中心领取了两大包极地服装并把从机场借来的两辆行李车安顿好之后，房间里就几乎没有一点空地了。我们仔细地研究了极地服装包，里面的东西极其丰富，包括了应对零下80摄氏度至零下25摄氏度的各种衣物。每个人有两套厚重的极地套装，一套是裤子和夹克分体的设计，另一套是超大号的连体裤套装。因为柯林和我都是法国极地研究所的雇员，因此我们的套装是蓝色的，意大利方队员的套装则是红色的，因此他们看起来很像赛车手，我们则像是一群蓝精灵。我们每个人都有20双不同的手套可供选择，为此一定消耗了一整群羊的羊毛。此外，还有黑色的羊毛内衣、长筒袜（红黑色）、拖鞋（苏格兰红格花呢图案，有羊毛填充物）、滑雪镜、高海拔登山眼镜、大量巴拉克拉瓦头套（丝绸、抓绒、羊毛材质的都有）、抓绒毛衣（柯林和我

58

都只需要穿小号）、一个带有法国极地研究所标志的帽子（水手帽样式，蓝色）以及功能鞋（根据不同温度适用的不同鞋子）。在仔细地观察和评论了这些装备之后，我们最后一次用自己的洗发水和沐浴露冲了个澡，筋疲力尽地躺在了酒店的床上。

我感觉自己刚睡着不久，手机就响了。在半睡半醒之间，我接起电话，是弗洛伦廷的声音，他激动地带着浓重的法国口音说道：

"卡门，飞机！"

"啊……什么？"

"航班提前了！"

"啊？"

"你们得起床了！"

"哦。行吧……等一下，提前到几点？"

"我们必须于 8:45 在中心集合！"

"现在是……"

"8:25！"

"柯林！"

这个早晨压力巨大。我们当然没有时间好好打包。整个航班过程中，我们两个都穿着我们的极地装备，一身制服、拖着箱子、气喘吁吁地来到中心。在办理酒店离店手续的时候，柯林的信用卡还不见了。

"接下来的一段时间你都用不到了。"

我的话只给她带来了一点点安慰。这时候我忽然发现，我们团队少了一个人。没人想起他来，因此他也不知道航班提前了。

在短暂地寻找之后，我在餐厅里找到了他。他正在吃早饭，一手拿着一支盛满了麦片的勺子，另一手拿着一个茶杯。他满脸惊讶地看着我。经过我几秒钟的解释，他也进入了高度紧张的状态。

到了机场每个人的行李要被放在一个称上进行称重。负责称重的美国人用怀疑地眼神盯着我的包裹。我一共有四个包，两个是我自己的包裹，另外两个是发放的极地装备。

"这些东西你都需要吗？"

可能并不是。我跟他解释道，我这里有自己带的巧克力和茶包。此外还有 20 双手套，这个数量多到我自己也没法解释。他耸了耸肩，记录下我包裹的重量，就把我的行李扔到他身后混乱的一堆行李中去了。我希望，它们能够顺利抵达南极。

一辆巴士把我们接到了军用机场。远处的晨雾中逐渐出现一个灰色的庞然大物。这里直升机的数量比飞机还多，四个超大的螺旋桨，一个圆滚滚的肚子——C-130 大力神运输机。这架运输机的前端配有几个临时座位，后端用于装载货物。这是为数不多的可以降落在南极冰层上的飞机之一。

大力神运输机会把我们带到特拉诺瓦湾站，这里距离意大利的马里奥祖切利站（Mario-Zucchelli-Station）不远。这个科考站并不是一个持续性的科考站，和其他很多科考站一样，这里也仅在南极的夏天，即 11 月至 2 月，才有工作人员。搭乘同一架飞机前往此地的不仅有我们这队人马，同样也有去往马里奥祖切利站和韩国张保皋站（Jang-Bogo-Station）的工作人员。

登机之前，每个人都得到了一个小口袋。我当时猜测这里面可能装的是什么东西（三明治、苹果、一瓶水或者果汁之类的），

60

或者是一些周到的提示以便我们尽可能不吐到前面的人身上。在阴暗的机舱内有几排座位。我们周围都塞满了货物。顶部布满各种电缆和设备。这里只有少数几个窗子，都安置在脚部的高度上，大部分被装载的货物挡住了。

"你觉得接下来会发生什么？"雷米问我："我们真的降落在冰上，还是干脆直接打开后面的舱口，然后我们跳下去？"

我已经期待我们带着降落伞降落到这个企鹅的国度了。我和雷米一起坐在了第一排。我们有一点惊讶，为什么其他人都愿意坐到后面紧紧排列的座位上，那里的空间比一般的航班还要狭小。但我们很快就知道答案了：扫视一下周围的环境发现，我们鼻子底下就是两个厕所，就在我们的脚趾旁边。向上面看可以发现，这里有两个厚重的窗帘，用以充当厕所门的角色。如果有人需要解决自己的紧急需求，搭上尼龙搭扣即可。帘子上有几处染上了可疑的颜色，这让我们不得不怀疑，在全速前进的过程中，这个装置操作起来并不容易。好吧。第一排，脚下空间自由，尊享飞机卫生间景致。一个驾驶员进入舱内给每人发了耳塞和氧气瓶。耳塞是一定用得到的，氧气瓶希望我们用不到。他向我们介绍了机内卫生间的使用方法（请称之为窗帘），并告诉我们飞行将持续八小时，还说随时欢迎我们进入驾驶舱看看。然而，并没有给我们分发降落伞，真是可惜。

我们非常需要耳塞。在飞行期间我们不可能进行任何娱乐。发动机隆隆作响、机身晃动剧烈。大部分人都试着入睡。我时不时进入驾驶舱看看。大概飞行了六个小时以后，在深蓝色的海洋远处第一次出现了大块的白色，渐渐地填满了整个视野，一眼望不到尽头。这是南极的海岸线。

又经过了两个小时的飞行，我们很不平稳地降落在特拉诺瓦湾站了。随后机舱内出现了一阵拥挤，因为每个人都想尽快离开飞机。于是我们第一次站在了南极的冰盖上。天空万里无云，充满了耀眼的阳光。我们脚下的冰很滑，时不时发出嘎吱嘎吱的声音。白雪覆盖的高山环绕在我们周围。远处蔚蓝的大海看起来不像是纯天然的产物。空气寒冷、干燥、澄澈。我们所有人都在对着彼此微笑，终于到了！一辆白色的小巴把我们载到了马里奥祖切利站，在路上小巴两次陷入了冰裂和冰层之中。于是我学会了第一句意大利语的脏话。

在马里奥祖切利站，我们见到了新的陌生面孔。大家用法语和我们打招呼。晚餐时，大家向我们的团队投来了很多好奇的目光，似乎是在问：这些自愿在南极高原过冬的都是些什么人？我们第一次发现，在南极，人们最喜欢的话题就是介绍其他人。在这个与世隔绝的小社会之外的任何地方，我都没有见过这样狂野的"谣言厨房"（Gerüchteküche）。但此刻，这一切对我们来说都不足为忧。我们正在享受到达南极的最初时刻。这里气温仅有零下 10 摄氏度，是海岸线上较为温暖的地带。在一个小丘上，我们朝海洋的方向眺望。我忽然意识到，这里就是斯科特的"发现"（Discovery）号"特拉诺瓦"（Terra Nova）号以及传奇的"前进"（Fram）号探索的地方。我们身后庄严高耸的是墨尔本山脉，海岸线的后山之一。

1911 年，经历过一次失败的斯科特想要征服南极。他用自己人生最后的 11 年致敬这块土地。他不仅想要做第一个到达南极点的人，还想要在科学探险的模式下搜集数据。他想要丈量这里的土地、观测这里的天气，甚至发现其他的新物种。从 8000 多名应聘者中，他选拔出了 31 名男性，其中 12 人是来自不同学科的科学家。为了记录这趟旅程，出色的摄影师赫伯特·庞廷（Herbert Ponting）同他一起登船。1910 年，他们从特拉诺瓦向南极大陆移动。此时的斯科特并不知道，这次向南极的进军将会变成一次赛跑。

　　罗阿尔德·阿蒙森（Roald Amundsen）是挪威的极地专家，曾计划探访北极。但当时满世界都是罗伯特·皮里（Robert Peary）在此前一年已经成为抵达北极的第一人的消息。（皮里的说法受到很大的质疑。他可能并未到达过北极）。阿蒙森不满足于做抵达北极的第二人，因此他产生了探访南极秘境的想法。直到他的船"前进"号驶离港口时，他才告诉船员们自己已经改变了想法。在澳大利亚中转时，阿蒙森给斯科特发电报告诉他：

　　"请允许我告知，'前进'号正驶向南极。"

　　赛跑开始了。但这还不够。当斯科特到达南极海岸线时，他需要确定"前进"号停靠的确切地点，英国人也想要在这里安营。但斯科特最终不得不改变自己的计划，他沿着冰架往回行驶，以便在罗斯冰架（Ross-Schelfeises）的尽头建设营地。然而，英国人营地的气氛因为一次打击发生了改变。阿蒙森的起点与南极点的距离比英国人的营地要近 150 千米。两支队伍都在极地越冬，以便针对向极点进军的计划进行训练。斯科特的队伍建起了气象站，研究动物世界并练习如何对西伯利亚矮种马和犬类发出指令。所有人都在等待夏天的来临，只有在夏天的气温条件下才可能实现向极点开拔的计划。

阿蒙森的团队也承担着巨大的压力。1911 年 9 月初，他就尝试向南极点进发，但启程两周后，却被迫折返了。在零下 50 摄氏度和狂风大作的气候条件下，他的队员和雪橇犬都遭受了冻伤的困扰。直到 10 月 20 日，他们才敢于进行第二次尝试。这支挪威队伍出动了 48 只雪橇犬拉着 4 架雪橇、载着 5 个人向极点出发。四天之后，斯科特及 12 名队员也踏上了征途。根据人员配置，其相应的雪橇犬、矮种马和动力雪橇情况有所不同。斯科特的队伍分批次出发。所谓动力雪橇，就是我们今天所说的雪地车（Ski-Doos）的前身之一。斯科特想要对此进行尝试，然而却并不算一次重大的成功。一架动力雪橇在卸货时跌入了大海，另外两架因为无法承受低温不得不在出发数千米后返回营地。

斯科特的计划是经过比尔德莫尔冰川（Beardmore-Gletscher）到达极点。沙克尔顿曾走过这条路线并且进行了详细地描述。为了节省补给，在登上冰川之前，队伍中的几个人被遣回营地。穿过冰川、到达高原边缘以后，斯科特想再次将队伍拆散。斯科特想亲自带领 3 位成员，用人力拉雪橇走完最后几千米的路程。然而，冰架上的路比预期的更加难走。一匹又一匹矮脚马不堪劳顿、精疲力竭，不得不被射杀。斯科特希望能够保护剩下的雪橇犬，确保返程到储藏室的路途相对轻松。在冰架沿途，斯科特建立了一些储藏室，其中存放了食物、燃料等生存必备的物资。此举能减轻队员们前进路上的负担，在返程时就可以清空这些库存。在登陆冰川之前，斯科特将雪橇犬和一名成员一起送了回去。此举常常遭到批评。比尔德莫尔冰川环境险峻，有着 200 多

64

千米长的危险裂隙。成员们不止一次踩碎薄薄的冰层，掉进裂隙当中。为了营救落难的同伴，其他人不得不付出巨大的工作。当遣走最后一个带着雪橇的小队时，斯科特让他们带回一个消息："最后一条消息，现形势很有希望。我想会顺利的。我们有一支优秀的向极地进发的团队，一切安排妥当。"

阿蒙森则带着他的雪橇犬踏上了一条未知的路。他采取了另一种获取食物的方式。他选择杀掉那些变得瘦弱的雪橇犬，用它们的肉为剩下的犬和自己提供食物。相比于斯科特一路上进行各种科学研究和实验，阿蒙森唯一的目标就是到达极点。也许正是因为这个原因，他的速度更快。1911 年 12 月 14 日，挪威人成为第一批达南极的人。他们在这里对太阳进行了 24 小时的测量，以确定自己确实站在极点上。地理上的南极和康科迪亚站一样位于高原之上，平坦、洁白的地平线无法给出任何关于极点位置的线索。

35 天后，斯科特的队伍到达了目的地。他们远远地看见了挪威国旗在风中飞舞。这时，他们才发现自己来迟了：阿蒙森先于他们到达了此地并且早已踏上了返程之旅。挪威人在极点上留下了一个帐篷。斯科特在帐篷里发现了一封阿蒙森给挪威国王哈康七世的信。在留给斯科特的字条上，阿蒙森请求他把信带给挪威国王，"因为您极有可能是我们之后第一个来到这片土地的人。"

罗伯特·斯科特、爱德华·威尔逊（Edward Wilson）、亨利·鲍尔斯（Henry Bowers）、劳伦斯·奥茨（Lawrence Oates）和埃德加·埃文斯（Edgar Evans）成为最先来到极点的英国人。在最后的时刻，斯科特决定多带一个人开启最后一段旅程。亨

利·鲍尔斯是一位出色的航海家。他本该带着最后一个雪橇小
分队返程，但斯科特希望尽可能多带人踏上极点。鲍尔斯身材
矮小，长着鹰钩鼻，有"小鸟"（Birdie）之昵称。由于他英勇无
畏、意志坚强，斯科特决定带着他一起进军极点。

　　在返回的路上，他们丧失了信心。气温较当时的季节来说
显得格外寒冷。飓风阻碍了他们继续前行。他们又冷又饿。预先
给四个人储藏的食物现在不得不维持五个人的生存。为了制作食
物，他们消耗了大量的燃料。燃料，意味着温暖——温暖的食物
和用雪融化成的饮用水。储藏室里的石油罐似乎密封不严。燃料
总是不够他们维持到下一个储藏地的。英国人没有料想到的是，
极点位于海拔 2835 米的高度。因此，他们从进入高原后就在高
海拔空气稀薄的环境下行进。低气压和低含氧量的大气环境会造
成能量的大量消耗。在热量不足的情况下，他们体重开始下降。

　　到达极点后不久，埃德加·埃文斯在修理雪橇时手部受伤。
埃文斯非常强壮，是最努力的成员之一，同样也非常善于和同伴
打交道。此外，他也非常会找乐子——斯科特差点就不带埃文斯
探险南极了，因为他在新西兰时曾酩酊大醉地试图爬船，但是却
掉进了海里。斯科特原谅了他的失礼——"因为他富有创造力、
力量且有很多逸事。"

　　埃文斯在返程时可能得了坏血病，以至于他受伤的伤口一
直无法愈合。伤口慢慢开始化脓。他的身体和精神状态也迅速恶
化。在离开冰川时，他掉进了一个裂隙并且头部受伤。埃文斯没
能坚持下来，同伴们将他埋葬在了山脚下。

　　剩下的 4 位成员回到了冰架地区。劳伦斯·奥茨是一位年轻

的英国军队船长，本来应当负责矮脚马的训练。他常常和斯科特产生分歧。斯科特将他视为"快乐的、老派的乐观主义者"。现在，奥茨身体非常虚弱并且脚上出现大面积冻伤。很快他就不能走路了。他知道自己死期将近，但他的朋友们不愿把他留下。他们用雪橇拉着奥茨前进。不久，因为雪暴的侵袭，这群英国人不得不再次在帐篷里休整。食物和燃料都非常匮乏。奥茨做了一个决定。他剥掉身上的睡袋，慢慢起身说道："我出去走走，我要离开一下。"其他人还没来得及反对，奥茨就离开了帐篷，消失在飓风中，再也没有回来。

"我们所有人都希望，这种状态赶快告一段落，终点肯定不远了"，斯科特在日记中写道。

海岸线营地里的人徒劳地等待着开拔极地的成员。他们中最年轻的是阿普斯利·谢里–加勒德（Apsley Cherry-Garrard）。受冒险欲和关于南方雪地叙述的驱使，他报名参加了斯科特的探险。此外，他还为此捐赠了一笔数目客观的资金。此次任务的医生、科学主管爱德华·威尔逊说服斯科特，让谢里作为助手参与这趟旅程。起初，整支队伍都嘲笑他，认为他被录用的原因可能是他拥有拉丁语和希腊语方面的知识。然而，谢里的快乐、乐观、意志力及随时随地为他人提供帮助的品格很快就得到了所有人的认可。尽管他患有严重的近视，但他从不畏惧长途的雪橇跋涉，甚至成了最擅长驾驶雪橇的人之一。

当斯科特没有返回营地时，谢里–加勒德曾驾着雪橇朝着极地小组的方向迎去。在到达第二个贮藏点前不久，他停了下来。斯科特委托他保护雪橇犬，以便在他此次没能到达极点的情况下来年夏天还能再次尝试。也许，斯科特的队伍只是花费了比预计更长的时间返程呢？谢里调转雪橇回到了营地。他不知道，斯科特的帐篷距离他仅剩几千米的距离。随着冬季的临近，岸边扎寨的人知道，极地小组可能迷路了。他们满是怀疑和不确定地又熬过了一个冬天。

阿蒙森此刻已经踏上了返回欧洲的旅途，他对斯科特的命运一无所知。

八个月后，当气温足够温暖，那些留守在岸边的英国人开始寻找斯科特和他的同伴们。他们找到了。谢里-加勒德写道：

"'那就是帐篷'，怀特说，我不知道，他是怎么知道的。那是个雪堆成的小山……我不相信我们实现了——甚至没用太长的时间——有人把手伸向了雪堆，推掉了积雪……我们必须把帐篷挖出来。我们很快看到了他们的轮廓。那里躺着三个人。"

帐篷里冰冻着的亨利·鲍尔斯、爱德华·威尔逊和罗伯特·斯科特被找到了。斯科特躺在中间，他的胳膊在多年老友威尔逊的肩膀附近，旁边放着他的日记，还有给妻子、朋友和其他男性家庭成员的信，此外还有阿蒙森给挪威国王的信。他们距离下一个储藏地只有 18 千米的距离了。一场飓风把他们困在帐篷里长达数日之久。即使他们到达了下一个储藏点，也不确定他们是否能够幸存下来，因为那里的一大部分燃料已经挥发掉了。

谢里-加勒德是发现帐篷的人之一，那个场景他终生难忘。后来，他撰写了《全世界最糟糕的旅行》（英文：*The Worst Journey in the World*）一书。帐篷里的人在几天之前，甚至几周之前就已经知道，死亡最终会攫取他们的性命，但直到最后一篇

69

日记，斯科特都始终用令人印象深刻的尊严和冷静迎接着死亡的到来：

> "1912 年 3 月 29 日
>
> 　每天我们都做好准备去往我们位于 11 英里外的储藏地，但帐篷外仍然是飓风来袭的景象。我不认为我们现在还能期待任何好转。我们应该坚持到最后，但我们正变得越来越虚弱，当然，结束不会太远了。很遗憾，我认为我已经不能写更多的字了。
>
> 　　　　　　　　　　　　　　　　R·斯科特
>
> 　终章。看在上帝的分儿上，请照顾我们所有人。"

第四章　两座高塔

"这片土地就像是一个童话。"

——阿蒙森眼中的南极。

"伟大的上帝！这是个可怕的地方。"

——斯科特眼中的南极。

70　　在马里奥祖切利站的夜里，柯林和我见到了午夜的太阳。自凌晨 3 点开始，我们的百叶窗每 40 分钟就会自动打开一次。太阳径直照到我们的脸上。我们就眯着眼睛，跟跟跄跄地走到床边再把它关上。第二天，我们又来到冰上。我们将从这里出发，朝着这片大陆的中心地带前进。交通工具是一架加拿大的巴斯勒运输机，而不是雪橇犬或者矮脚马。

　　飞机上，除飞行员外，只有 10 位将在这里越冬的人。尽管如此，我们还是坐得很拥挤。机舱里一半的空间被货物和行李占据。巴斯勒机舱内的气压平衡控制得不太好，当飞行至 10300 米高空时，部分成员出现了缺氧现象。其中一位意大利人脸色苍白，为了呼吸更加顺畅，起飞不久后他就将双手摊在座位两旁。

71　阿尔伯特状态不错。他满足地呼吸着我递给他的氧气瓶，并对旁边痛苦中的人感到担忧。驾驶舱的门是敞开着的，两个健谈的加拿大人是我们的飞行员。他们在这里度过了整个夏天，把不同的人运送到不同的科考站去。一开始是运送我们这样的工作人员，在夏季快要结束的时候还曾把旅游者运送到南极大陆另一端的半岛上去。

透过换气装置我们能看到令人心旷神怡的山地风光。那是横贯南极山脉的一部分，这条山脉将南极分成东西两半。巨大的冰川在群山之中横亘，中间有着深深的裂隙。渐渐地，这些山峰以及反光的冰河遗落在我们的身后。随之出现了一片广袤的、向四方延伸的雪地。这是地球上最大的荒原和最冷的地带——我们"新家"的所在地。东部南极高原的冰层厚达 4000 米，分布在1000 万平方千米的广阔地带。如果这些冰层完全消融，那么全球海平面将上升 60 米。

随着时间的流逝，窗子内侧也结冰了。我一直试图用午餐套餐里的巧克力包装纸把窗子上的冰刮掉，才能拥有大概半分钟长的清晰视野。在五个小时的飞行中，我的同事们也加入了这项活动，随后我们第一次看到康科迪亚站的两座塔出现在视野中。在冰封的荒漠之中，科考站显得十分脆弱。我们距离康科迪亚站越来越近，也发现了越来越多的细节：两座塔、夏季营地的帐篷、四周分布的集装箱，就像有人用画笔随意在白色画布上画下的一样。远处有几座外部实验室、一条飞机跑道，还有一小群人站在站点前等候我们。

巴斯勒运输机的起落架重重地触地之后，驾驶员温柔地将飞机驾驶到康科迪亚站前。然后是一阵混乱，大家都在找自己的夹克。接着，我们第一次站在了冰穹 C 的土地上。

第一脚踏上雪地的感觉很独特。那种感觉与在家里某处雪地上的感觉完全不同。我的靴子发出了一种踩雪干脆的嘎嘎声。尽管零下 37 摄氏度的气温相对温和，但是仍然让我的鼻毛冻得硬邦邦。我们一下子被人们围住了，令人惊讶的是，他们知道我们所有人的名字，并开心地拥抱我们，和我们拍照，然后接过我们手里的行李。进入科考站只需要上几级台阶，但这非常困难，因为缺氧的症状已经出现了。我们在海拔 3233 米的高度上，这里氧气的浓度大概是标准值的六成左右。接着，我们都穿上了保温内衣裤，然后手里拿着茶杯坐在科考站的起居室里。一张牌子挂在桌子上：

"欢迎 DC-14 团队！姑娘们，小伙子们，欢迎回家。"

在康科迪亚站的一年分为两个部分：夏天和冬天。夏天从 11 月末持续到 2 月初，这期间飞机可以降落在冰穹 C。太阳会有三个月左右的时间持续在地平线以上。如果我在午夜朝窗外瞥上一眼，空旷的、白雪皑皑的风光依旧会在阳光下闪耀。天空会呈现深蓝色，大部分时候万里无云。如果不是科考站前面的小山完全被白雪覆盖，人们或许会产生可以穿上夏装的错觉。但阳光撒了谎：尽管是盛夏，这里的平均温度也在零下 30 摄氏度左右。最暖和的时候可以达到零下 24 摄氏度。这是康科迪亚站附近最温和的气候。

73　　　　在夏天，这里人来人往。天气好的时候，每天会有两架飞机降落在这里。由于我们的到来，科考站已经人满为患。除了我们团队的 11 个人之外，这里还有上个越冬团队的几位成员以及夏季技术团队。他们在这里完成夏季的实验任务。其中有些人是我们的督导，会在这里对我们进行培训，以便我们在冬天的时候可以继续实验或使用相应的系统。大部分研究者是冰川学家或者研究冰雪各种形态的专家。此外还有天文学家、地震学家、太空气候专家、计量学家和雪崩研究者。技术组成员非常丰富，他们负责优化科考站，使之为下一次越冬做好准备。木工、电气工程技术员、水道修理工、电焊工、机械师、电脑工程师也一同工作。二月初，冬天就开始了。在这之前所有人都要离开，只剩下我们13个人的团队；在紧急情况下也没有撤离的可能。由于寒冷、狂风、黑暗、不平整的飞机跑道，飞机无法在冬天降落。我们将在9个月的时间里封闭起来。

但现在还远没到冬天，只是 11 月底，太阳还当空高照。

起初，科考站看起来很混乱。康科迪亚站由带着橘黄色窗户的两座白塔组成。每座塔由六个巨大的钢柱撑起。两座塔之间由一个桥梁相连。每个钢柱都可以向上抬升。在高原上经常刮风，到处都是积雪。因此，南极会慢慢地把一切人造的东西埋在雪下。每个冬天，康科迪亚站的越冬者都要防止室外实验室和集装箱在白雪的覆盖下彻底消失。理论上说：只有科考站能通过抬高钢柱而免于掩埋。

向上走几步就来到了正门。这里的门很像冷库的门。只有这样，我们才能免受外面严寒的侵扰。当我第一次走进门时，我呆住了，并惊讶地环视四周。我仿佛进入了"千年隼"号，站在连接两座塔的桥上，仿佛随时都会有一个机器人经过。走廊内部是浅绿色的，地板闪耀着金属的光泽，墙和顶棚上布满了各色的线路和管道。科考站里并非一直安静，而是时不时地发出机器运转的声音。某一个管道内会发出拍击声，又或者下水管道会发出冲水声，显而易见有人刚刚使用了洗手间。在走廊所有空余的墙壁上都挂着极地装备，粉色的围巾，绿色镜片的太阳镜，带着装饰的背包——个性的装饰可以分辨出这些物品属于谁。

74

我面前的墙上挂着两个牌子：左侧是"静塔"，右侧是"动塔"。也就是说，在左侧的塔内，我们可以做一切有关睡觉、休息或工作的事情。右侧的塔内则设有厨房、起居室、健身房、技术房和仓库。康科迪亚站的气味也很独特：是金属和雪混合的味道。

介绍和参观塔内的环境对于我来说很有帮助。第一天就这样很快过去了。喝过茶之后，我的前任工作者卡洛（Carole）向我介绍了卧室的位置。尽管只有两座通过通道连接的塔，但我很快就迷失了方向。向外看几乎不会提供任何帮助：无外乎就是看见一些大同小异的集装箱和帐篷，还有一些小屋（即那些距离集装箱有些远的实验室），时不时还能看见另一座塔，这一切都坐落在皑皑的白雪之上和闪亮的太阳之下。我们来到了二层，沿着墙就是我们的卧室。中间是盥洗室：有两个马桶（此外每层还有一个单独的马桶），一个很大的男士浴室和一个小小的女士浴室，除此之外另有一个女士专属的马桶。我在小浴室旁边站下。

"为什么浴室大小差别这么大？如果以后来的女员工更多怎么办？"

"这种情况从来没发生过。在接下来几年也不大可能发生。"

我跟卡洛说美国的科考站里已经男女数量相当了，她耸了耸肩说：

"法国和意大利的情况不是这样。"

事实上，南极科考站里女性数量明显较少（在大多数情况下）并不是因为女性不受欢迎，而是因为女性申请者较少。这是有历史原因的。有很长一段时间，这里只允许男性工作。

在第一位男性踏上南极的 100 多年后，第一位女性——卡罗琳·米尔克森（Caroline Mikkelsen）才踏足此地。1935 年，她与丈夫——一位捕鲸者，一起升起了挪威国旗。几十年之后，杰基·龙妮（Jackie Ronne）和珍妮·达令顿（Jennie Darlington）率先成为在南极越冬的女性。1947 年，二人陪同其丈夫进行了长达 15 个月的考察。然而，这次陪同并不成功。两对夫妇都离了婚，达令顿后来写道："我认为，女性不属于南极。"

20 世纪 50 年代，随着国际地球物理年的到来，各国开始大量进行极地研究并建设科考站。此时，参与者大多仍是男性，因为普遍认为女性难以承受这里恶劣的环境，不适合极端的情况。向南极派遣人员的美国海军直到 1969 年都不肯接受女性。即使有女性可以到达美国的科考站，她们也面临着其他的阻碍：海军禁止女性在站内工作。

管理者声称："只有踏着我的尸体，女性才能在美国南极团队里工作！"为什么？理由是：女性会败坏男性的考察工作，夺走男性关于自己是英雄的幻想。理查德·E. 伯德曾经写道，恰恰是由于女性的缺席，南极才是世界上最和平的地方。讽刺的是：他的团队在探险结束之际发生了哗变。

英国的科考站也没有兴趣接受女性。20 世纪 60 年代，英国人在给女性竞聘者的拒信上写道：南极没有商店和美发店，女性会感到无聊。

1969 年，英国冰川学家柯林·布尔（Colin Bull）在为海军工作几十年后，成功地将一个由五名女性组成的科研队伍送到南极。至此，禁止女性参与的潜规则被废除。布莱恩·舒梅克

（Brian Shoemaker）曾领导多个极地越冬组，其中既包括只有男性的团队，也包括男女混合的团队。他认为，后者更加平衡、高效。性别差异带来的问题主要是由于经验不足、人员选择不当和行前训练不足造成的。

尽管这之后并没有带来女性报名的热潮，但现在南极科考站里女性成员的比例已经达到30% ～ 40%。康科迪亚站的情况与这个数字差距显然很大，这主要是由于宣传不足、女性应聘者较少造成的。

我和法国冰川学家柯林共同使用一间卧室。这个房间小而舒适，配有栎木家具，铺着彩色床单、带有床帘的双层床，一张大写字桌，很多储物箱，双层窗户——窗户外边还有一层窗户。只要打开一层窗户，凉爽的空气就会进入房间。两扇窗户中间通常有很厚的冰层，一旦打开第二层窗户，冰冷的空气就让人无法呼吸。如果窗户开得够大，窗户把手很快会结上一层冰，这时去触碰它就会非常不适。在冬天，即便只开内侧的窗户，也不是什么好主意。窗户的合页可能会被冻住，以至于再也关不上了。

对于我们这些刚来的人来说，最开始的夜晚并不好过。尽管工作强度很大，我也很疲惫，但却仍然很难入睡。夏天，自己的房间并不算是舒服的避风港。跟谁分享房间，决定了夜晚屋子里声音吵不吵。每当我凌晨走出房间、穿过走廊时，最迟在起居室里一定会看到某个同样不得休息的人。起居室里面配备了木头桌子、吧台和咖啡机，此外还有两个舒服的绿色沙发。一面墙上有一个巨大的书架，里面大部分是法语书，也有一部分意大利语和少量英语书。此外还有一些令人印象深刻的漫画和一个大屏幕。

晚上我们可以在这里看电影或者电视剧。

康科迪亚站没有电视和高速宽带。但此前13批来此越冬的人带了一些电影资源存储下来。电影的数目非常可观，类型主要是意大利喜剧片。这里只有三台电脑能上网，网速非常之慢。最高速度大概在512Kb每秒，还要供全站所有设备使用。其中也包括科研数据的传输。如果我要看一看我的私人邮件，那么可能一个小时以后邮箱还没有打开。因此，我也几乎不怎么用电脑，这并不会困扰我。没有网络分散注意力，人才更容易聚焦在眼前的事物上。万幸的是，用于与督导联系的专业邮箱运行速度相对快一些。

我们最初的失眠与高原反应、初到南极的兴奋及夜晚的阳光有关。尽管卧室的窗帘挡住了阳光，但是我们内心的窗户并没有关掉。此外，晚上房间里非常热，这也让入睡更加困难。海拔高度也不利于睡眠。最开始的几天，我们当中很多人都受到了高原反应的困扰，每天早晨尤为严重：我眼睛都还没睁开的时候，就有种昨晚一人喝掉一箱红酒的感觉。针刺般的头痛、眩晕、恶心，如同昨晚一夜没睡一样。由于空气过于干燥，我的咽喉也有所反应，好像我用砂纸打磨过似的。为了防止鼻子出血，我必须非常仔细地给鼻腔黏膜涂乳膏。甚至在躺下的时候，我也能感受到我的心脏在剧烈地跳动，以便为我的身体提供更加充足的氧气。

欧洲航天局的高原适应实验（EFIA）是要求我记录团队成员适应高原反应的情况：每个人的床头柜上都配备了血压计、体温计和脉搏血氧仪。脉搏血氧仪就是一个可以在指尖扎针采血的设备，同时通过红外线测量血氧浓度和心跳频率。在体内，氧气由血红蛋白携带运输。如果测试结果是 95，那么就意味着体内 95% 的血红蛋白处于携氧状态。理想数值是 95 以上。数值越低，体内可供使用的氧气就越少。我当时的测试结果只有 64。如果我在医院上夜班时看到一个病人血氧浓度只有 64，我会非常紧张。我的心跳频率则达到了每分钟 100 次。有趣的是，这两个数字反过来才是正常值。然而，在海拔 4000 米的高度，这样的数值几乎不可能出现。头痛症状经常出现，每上一步台阶都非常累，我只能夸张地大口呼吸，但这并不算困扰我，因为我毕竟不会从事重体力活动。随着对高原环境的适应，我们的身体会随之提高血红细胞的载荷能力，以便在现有条件下携带更多的氧气。

我记录了自己在不同时间点的血压和体温，然后填写了一沓问卷。我们每个人都有一本"航海日志"，其中会记录很多数值，还有很多问卷。问卷里的问题也与适应情况有关。头痛、消化问题、眩晕感、失眠，所有的症状都会被问到。"以下说法在何种程度上符合你的情况，请从 1 ～ 6 中选出相应的数值"。然而表格上没有"我感觉像是喝多了"或者"我感受非常强烈"，显然不是。"我像往常一样睡得不是很好"，这完全符合。"我的行动不受控制"，这又是什么？

完成这些事项之后，我爬下床，走向实验室准备采血。实验室位于静塔的顶层，也就是三层。我只要爬上 22 级台阶就能走到实验室。研究者们的实验室都聚集在此：气象实验室、计算机科学实验室、冰川和地震学实验室，此外还有领导办公室和广播室。欧洲航天局实验室在领导办公室和广播室中间，有一扇小窗，视野很好，配置也不错。由于是第一天工作，我的前任卡洛也在场。一旦她离开南极，我就得自己完成这一切，或者培训其他人参与其中。

卡洛说："你看着吧，会有很多主动帮你的志愿者。"她的意思是，有很多人都愿意学习新技能吗？还是说，很多人想要拿着针头扎我？很快，我的同事们就排队准备采血。一开始的流程很紧张，因为开头几天对于高原带来的变化特别重要，因此需要采血的次数也很多。起初每两天一次，借此测量身体的急速适应情况。接着每周一次，然后每月一次，这些数据用于考察慢性适应情况。我的其他三项实验直到一月份才开始。那时候我的分析工作就会非常耗时，以至于每天只能完成对一个测试者的分析。采血完成后，我的测试者们就去吃早饭了。而我要开始分析处理样本，以便这些样本可以被运送到欧洲进行进一步分析。最后，我要将分析处理好的样本进行冷冻处理。这一步就比较简单，只需要放在科考站外的一个集装箱就好。

第二天，几位意大利同事邀请我和他们一起了解环境。菲利普，我们的物理学家在十天前就已经抵达这里。他说要带我们去看几个小屋。医生阿尔伯特和长头发计算机专家莫雷诺和我决定搭伴前往。我们动力满满地站在装备面前，却苦于不知道如何选择：穿什么呢？我们看了一眼出口处的监视屏，零下 45 摄氏度，有弱北风。一个同事居然在想，要不要穿夹克。我决定穿夏季夹克和滑雪裤，戴羊毛围巾，一副薄手套和一副厚手套，此外还有一顶我自己带的帽子。我们还需要穿上笨重的极地鞋以及戴上特制眼镜。由于雪地对阳光的反射很强，不戴眼镜几乎什么也看不

82

见。如果天气更冷或风更大，我就会换上滑雪眼镜——夏天需要深色镜片的眼镜，冬天则是浅色。选择帽子也是非常重要的。在冬天，我们必须学会通过身形和走路姿势分辨彼此。由于我们要么穿法国蓝的衣服，要么穿意大利红的衣服，装束极其相似，所以只能通过个性化的装备来分辨对方，通常都要依靠帽子。有的人把帽子的分辨功能发挥得很极致，于是产生了很多过于独特、令人震惊的样子。我最喜欢的是一位比利时的女研究者：她戴了一顶企鹅头帽子，还有两个鳍在左右两边上下晃动。

穿好了衣服（所有人都穿了夹克），我们就开始了考察之旅。四周完全被白色的地平线环绕。南极空气的清冽沁入鼻腔，闻起来主要是雪的味道，不太浪漫的是，还混杂了一点维持机器运转的柴油味。

曾经有一位纪录片导演探访了南极海岸线上的一个科研站。他在摄制影片的过程中问了驻站人员不同的问题。其中一个问题是："南极是什么味道？"答案几乎全是"柴油味"（直到出现一位生物学家，他改变了这个答案，他的回答是："企鹅粪便的味道。"）。

我们的第一个目的地是大气小屋（Atmos Shelter）。它是一个外部实验室，距离科考站约 800 米，由多个架高的集装箱组成。大气小屋是冰川学家和气象学家工作的地点之一，他们会用各种不同的工具测量大气、雪和冰的成分。最令人叹为观止的就是那些带有不同过滤装置的气泵。这些装置会在不同的时间段内被替换。我们的物理学家也有一些工具放在这里。再远一点是气象科考站，菲利普兴致勃勃地给我们讲述了它的功能。这个气象科考站可以测量风速、风向、气压、气温和空气湿度。菲利普每天会放一个氦气球上天，它也可以测量这些数据。氦气球在爆炸前可以飞到 28 千米的高度，在飞行的过程中可以把数值传输给电脑。菲利普的另一项实验是测试太阳辐射，一方面是测量达到地球的辐射量，另一方面是测量云层和雪地的反射情况。

围绕着科考站在不同距离处还分布着几个其他的实验室。大部分新建的实验室都被柱子架起来了，当然也有几个老实验室直接落地。它们都覆盖了积雪，被冰埋在了地下。为了进入其中，工作人员不得不顺着梯子爬下去。这些实验室的窗子本来可以看到周围的景象，现在完全被雪挡住了，因为有阳光的渗入还泛着微微的蓝光。由于空气湿度很低，冰穹 C 每年降水很少，但风却会从周围卷来很多雪。工作人员每年都得辛苦地清理积雪，至少要保障科考站周围的几个新实验室不被积雪困扰。这个夏天，意大利技术员弗朗克（Franco）专职负责此项工作，每天都得坐在除雪车里扫雪——这在南极绝非一个好工作。只要有一点风，他前一天刚刚扫走的雪就会被吹回来。弗朗克很有毅力，他年复一年地重复着同样的工作。如果他不坚持做这项工作，即便科考站和小屋都有柱子，也还是会被厚厚的积雪掩埋。

天文实验室非常显眼。它看起来更漂亮，是长条的木质建筑，自带供热发电机。内部非常温暖，闻起来有点木头的味道。附近的雪中有两架大型望远镜。由于这里有四个月的黑暗期，大气层稀薄且空气湿度低，康科迪亚站是天文观测的理想之地。天文学家马可会用这两架望远镜探寻系外行星。当我和菲利普前来拜访时，他向我们解释了原因：

84

71

"那些在宜居带围绕一颗恒星转动的行星特别有趣。因为那里可能会有液态水。"

"也就是可能有生命。"

"对",马可点点头:"行星距离恒星不能太近也不能太远。在太阳系里面,金星和水星就距离太阳太近,火星则处于宜居带。"

"你主要观测哪个恒星的情况?"

"我们的望远镜主要对绘架座 β(Beta Pictoris)。"马可走向望远镜并把手放在上面。"康科迪亚站的优势是,我们可以连续四个月对其进行观测。在地球上,只有南极能够观测到这颗恒星。绘架座 β 很有趣,因为它是一颗相对年轻的恒星,围绕它运转的行星也相对年轻。我们正在寻找第二颗行星。在某个地方一定存在,我确定……"

马可是对的,他的想法在两年后得到了验证。新发现的绘架座 β c 行星距离我们地球大约 63 光年。

飞机送人来冰穹 C 的频率越来越高了。12 月,我们吃午餐的时候需要排长队。去年,人数最多达到了 100 个。为了节省燃料,今年只有 82 个。在静塔一共只有 34 张床,16 个房间里面是双层床。技术组组长的房间在楼下,他一个人住一间房,耳边就是技术报警装置。医生则睡在病房里。由于这些床位在夏天完全不够,所以 500 米开外还设有一个夏季营地。在批准建设康科迪亚站之前,这里是冰川学家们的大本营。这里有多个房间,都配有双层床、一个起居空间、一个紧急食物储藏室和一个小厨房。如果这里的床位仍然不够(一般不会出现这种情况),旁边还有几顶配有床位的帐篷,里面也可以加热取暖。夏季营地和帐篷在冬天不会使用，也不会采暖，因此一般都直接冻住。夏季营地在冬天是我们的紧急避险地。如果康科迪亚站出现故障无法在里面继续居住的话，比如失火，我们就会打开夏季营地的发动机，开始取暖。这里可以住上两三天。然后我们就要住在一个有供暖设备的实验室里。这样的情况必须严肃对待，火是每个南极越冬团队的噩梦。因此，我们每个月都会举办一次消防演练。

在夏季员工中，有几个人每年都会来到这里，有些则是第一次来，还有些人之前来过一次。所有来过的人，都很愿意给我们讲故事。他们的讲述都尽可能具有戏剧性，似乎想要彼此分出胜负。因此，我还没踏进科考站，就有人开始给我讲述他的经历或者其他越冬者的经历。尽管在科考站的人很多，但是大家都知道谁是留下来的越冬者。由于女性数量稀少，所以他们更加清楚地知道我是谁，我是干什么的以及我经常和谁聊天，有时候甚至比我自己都清楚。如果不是自己即将开始越冬，他们讲述的大部分故事都很有趣，都是可以拍成电影的人类恐怖故事。比如一些看起来无害的人——厨师，每次只肯解冻一种蔬菜。那么大家就只能吃一周豌豆，吃一周西蓝花。然而厨师却在房间里用可移动电磁炉为自己烹饪了美味佳肴。食物的香味直接让其他成员暴怒。 87
其他故事感觉像是从斯蒂芬·金（Stephen King）那里获得的灵感。比如两个人在冬天的时候要下一盘棋：

"输掉的人太生气了，以至于当场用冰锥杀了他的同事。"

"啥？在这，康科迪亚站吗？"

"呃，不是。在东方站，20世纪50年代的时候。从那时候起，俄罗斯科考站就不准下棋了。"

　　某一天晚上，这些人还在讲夸张的故事时，我喝了点香草茶，感觉不太舒服。我坐到菲利普旁边，他也正在发呆。不一会儿，莫雷欧也加入了。他在茶里放了大量蜂蜜，看到我们的脸色，问道：

　　"怎么了？"

　　我们描述了自己听到的事情。他也讲了他听到的部分。讲故事的人不同，故事的版本也有所不同。故事里有个人在零下65摄氏度的时候建造了一个圆顶小屋并且下定决心再也不踏入康科迪亚站半步。只有在我听到的版本里他活了下来，只不过牙齿都坏了。我们沉默了一会儿，发现也许这个冬天比我们预想的要艰难得多。这并不是轻轻松松地散个步。我们13个人不久后就要与世隔绝。我们彼此了解不深，并不知道大家在面对这种生命岌岌可危、没有任何逃离可能的工作环境时会做出何种反应。距离我们最近的人也在600千米外（但这里终究还好，毕竟那边发生过传说中的下棋杀人事件）。因为实验的关系，我比其他成员跟大家的接触都要更多。莫雷欧打断了我的思绪，他端起还在滴蜂蜜的杯子说：

　　"我们的冬天会好的。我们有一个很好的团队，比之前的每一个都好。我感觉很棒。在下一个夏天到来的时候，我们会没有恐怖故事可讲。"

　　他夸张地睁大眼睛看着我们。菲利普和我笑着与他一起举杯。

　　夏天过得很快。我们有很多事情要做，特别是要为越冬做好准备。趁着夏季工作者和前任越冬者还没离开，我们想从他们身上学到尽可能多的技能。我和我的前任有几周的时间同时在站，但我们只有一项工作是相同的，其他三项实验都是新的。一般来说，欧洲航天局的实验会持续两至三个冬天，然后会有一系列新实验。其中有两个实验导师在夏季的时候来南极工作过几周。慕尼黑负责选择实验的克劳蒂亚来对我进行了补充培训，并且协助我进行了最初的样本分析。比利时人娜塔莉来到这是为了在夏季培训所有越冬者学会驾驶联盟号模拟舱。

血液分析训练耗费了大量时间。在开始之前，我们必须先对各种设备进行校正。流式细胞仪已经在这里工作了几年，但在低压环境下，它的工作状态不是很好。离心机一旦开始高速运转并处理我收集的血液样本时，就会发出很大的噪音。这台机器可以通过离心力将血液中浓度不同的成分分离出来。如果我需要血细胞或者血浆，就得把采血试管放在这里转上几分钟，血液分层后便可以直接用吸管吸出来。幸运的是，用螺丝刀将转子放回正确的位置后，噪音的问题成功解决了。几天后，去年的一个越冬者来到我的实验室。

"为什么你不用那台超响的离心机呢？"

"它每天都在工作。"

"我的卧室就在楼下，每天早上都会被噪音吵醒，可现在已经安静了好几天。"

"你看，它现在就在工作，几乎没什么声音！"

"嗯，我已经睡过头好几次了。我本来打算用它当闹钟呢。"

"我把它修好了！"

我骄傲地指着螺丝刀。

他开玩笑地问我要不要把它变回原来的样子，因为他这周需要准时起床。我以为他在开玩笑，但是他是认真的。我一定要记得随时把螺丝刀藏起来。

在血液分析的间隙，娜塔莉协助我开始对其他队员进行驾驶训练。模拟器位于卧室那一层的洗衣房中，周围四处是堆积如山的床单和空行李箱。这个房间很舒适，训练也很有趣。成员们都热情满满地飞行，然后向国际空间站撞去。娜塔莉意识到，需要休息一下了。于是我们来到起居室，坐在沙发上吃饼干、喝咖啡。我们经常在那里遇到双水獭飞机的飞行员，他们常常因为天气恶劣而在康科迪亚站降落。双水獭和巴斯勒是唯一能在此地降落的飞机。在南极处于冬天时，这些飞行员就会去加拿大附近的北极地带飞行。每次同他们聊天，我都会感觉很愉快。他们是加拿大人，说英语而且不会一直讲那些典型的康科迪亚站故事。同他们聊天不会有那种一直在讲和自己有关的故事的感觉。这种对话让人舒服多了。机长有点像年轻时的查尔斯·林德伯格（Charles Lindbergh）*。他总是带着笑意，讲一些其他科考站的事情。他曾经作为飞行员参与过几年前的南极疏散行动。和他一起执行任务的还有一个飞行员兼机械师——拉里（Larry）。拉里留着长长的白发，总是穿一件方格伐木工汗衫。由于已经有几十年在南极附近飞行的经验，他总是有很多相关的故事。我对与飞行员的交往感兴趣也让那些八卦的人感到兴奋。他们认为，每个和

---

* 查尔斯·林德伯格是瑞典裔美国飞行员。1924年，他开始随美国陆军航空军，训练成美国空军飞行员。1927年5月20日，林德伯格驾驶单引擎飞机莱安NYP-1，从美国纽约跨越大西洋，无经停地飞至法国巴黎，共用时33.5小时。——译者注

我聊天次数多、时间长的人都有嫌疑成为被我"选中"的人。我倒是很想知道，按照他们的设想，我如何把这些被"选中"的人纳入我的日常生活。这听起来很疲惫。其中有一个人显然是杜撰的产物，我连那个人的名字都没有听说过。

91

一般来说，南极科考站以不同的人会迅速接近彼此而著称，与其所处的关系状态无关。（"在南纬60度以南，伴侣关系不再适用"，我在一本关于美国科考站的书里面读到："对于已经结婚且有四个孩子的人来说也是如此。"）康科迪亚站也不例外。人们可以用很多论据说明这种行为——可能是心理例外、极端环境或者生理学压力反应。由于站内女性较少，她们对于男性来说越来越有吸引力，另一方面也给男性一个机会让其能够在等级制度和他人眼中更上一层楼——即他们被选为短暂的伴侣。也就是说，无论人们是否有此意愿，他们都会努力尝试寻找幸福。有时在午餐和晚餐之后就会有男同事忽然来到我身旁，理由就是他们认为有个机会和女性说话很好，在原则上，这并没有什么问题。由此我对他们有了更深入的了解。然而某些时候当我一踏入某个房间时，男同事们就会毫不掩饰地盯着我，仿佛他们一生都没见过一个女性一样。

在南极的夏天，女性不可能找到真正的爱情（冬天就更加不可能）。即使在短暂的夏日和同事们有很愉快的经历，也很快会被贴上"婊子"的标签，在未来十年里，这些人都会孜孜不倦地传播这些故事。进入科考站两周以后，我就确切地了解了每一个踏入康科迪亚站的女性在驻站期间经历了什么。或许，那些流传下来的八卦中大致符合事实真相的比例连三分之一都不到。如果

92

有人认为那些喝醉了并在每一次聚会上努力寻找女伴的夏季工作者完全没有吸引力，那么她很快就会被贴上"冷酷"的标签。女性在这里只不过是个称谓罢了。

当一个意大利夏季工作者把这个头衔扔到我头上时，阿尔伯特惊恐地说道："她根本不冷漠！"

"她当然冷漠了"，那个年轻人说，"不然你怎么解释她不接受我的调情？"

阿尔伯特和菲利普翻了个白眼："意大利南部人……"

医生、心理学家娜塔莉曾经在越冬期间去了英国的科研站，基于在那里获得的经验，她给我们做了一个关于南极爱情故事的报告。在夏天，每周的晚上都会有几次科学谈话。娜塔莉白天告诉我们报告主题后不久，很多人就睁大了眼睛：

"卡门，这个题目是什么意思？"

"她要说什么？"

"她什么意思？"

有趣的是，大家都不相信，娜塔莉直接就聊开了。我为这个报告感到激动，我相信不会失望。

"我们都深爱南极。"

她以这句话开头。在这个星球最冷的地方，身体会对高原产生反应，这里有罕见的风光，有每日处于危险之中的压力，还有必须被隔离的一个冬季：这一切都会给身体带来不同的反应。心率提高、血压升高、神经紧张、幸福感提升——就如同刚刚坠入爱河一般。

"这时候，如果恰好有一名异性从身边走过，我们就会将自己的感觉和这个人联系起来。"

当我们在欧洲时并不觉得显眼的人，在南极就会变得格外有趣、智慧、有吸引力。在大部分南极科考站里，女性数量都很少，因此出现这种情况的可能性更高。

"所以，亲爱的女同事们"，娜塔莉边说边将目光投向我和柯林："你们在这里被追求，不一定是因为你们聪明、有趣或者漂亮，而是因为你们是唯一的女性。"

我们的几个同事向这里投来了同情的目光。

娜塔莉继续说，还有人会以为这里是一片法外之地。这里离家很远，或者说远离因不法行为而受惩罚的可能，因此他们认为可以做任何自己想做的事情，而不必担心后果。他们会以《蝇王》和斯坦福监狱实验为范例：在南极科研站里很快就会形成一个小世界。一种微型社会，远离大社会的限制。我们通常表现为一个正直的人，这是我们的天性使然还是我们不得不面对不正直所带来的后果呢？

娜塔莉的演讲没有结束。南极非常美丽，然而在这里过冬却使人处在某种失去知觉能力（Sensorisch deprivation）的状态，这里缺乏感官的刺激。这是一种酷刑。匮乏的感官刺激之一就是对肢体接触。我们是社会动物，需要这种接触。这也可以解释为什么我的同事在某一段时间内走路会故意撞到我。知觉丧失令人难以忍受。人们会迫切需要肢体接触，有时只是在夏季过上几周就已经出现了这种情况。我环视了一下房间，一些同事若有所思地盯着地面。我感到了一种忧虑。在冬天经过几个月的隔离之后，会是什么样的景象呢？

寒冷的空气一直在侵袭着我的肺部，让我呼吸感到非常困难。我沉重的靴子在干燥的雪地上嘎嘎作响，我一次次地陷入当中。当我回头看时，也只能看到白茫茫的地平线。高原蔓延数千米，直到海岸线才是尽头。向前看可以看到远处的康科迪亚站。在 6 千米开外，科研站只是一个小点。我脚下的路是一条条履带越野车横穿过去时留下的痕迹。这些履带越野车年复一年地为康科迪亚站运送物资、食物和燃料。尽管上一次运送还是一年前，但它们开过的路还依稀可见。康科迪亚站有个传统，每年夏天，要徒步沿着这条路走一趟：在冰雪森林中有一处属于冰穹 C 的著名景点——康科迪亚之钥（Key of Concordia）。它是一块钥匙形状的木头牌子，为了纪念很多年前曾有一位机械师把自己牵引车的钥匙永远地丢在雪地里。来的路上，我们一直在讨论他是如何把无线电信息发回站里的。马里奥、莫雷诺、菲利普、阿尔伯特还有夏季组的技术员阿诺德（Arnaud）同我一起。在回去的路上，我们只能龟速前进。路很难走，缺氧使得情况更加糟糕。我们到达这里已经两周了，但仍然没有适应到能够应付 12 千米长距离徒步的程度。包括在康科迪亚之钥处进行的休息，整个徒步花费了 5 个小时。在走最后几千米时，科研站靠近的速度慢到让人感觉到痛苦。每次呼吸都会带来胸腔的疼痛，每走一步双腿都会抗议。徒步刚开始时大家还会开开玩笑，现在大家都只是沉默着继续前进。如果忽略我们沉重地呼吸，四周一片宁静，远离科考站，这里的景色非常静谧。

一个周六的早上，我坐在起居室里正在处理一些采血记录。忽然厨师马可·S 进来了。他看着我，眨眼示意我看窗外。

95

"看，卡门。你看到了吗？"

我困惑地看着他指示的方向。冰、平坦的白色大地、万里无云的天空，一如往常。

"嗯，没有？有什么吗？"

"我看见雪了。"

"哦。"

我自问了一下，要不要挑明，他还有多少个月要天天在这里看雪。但我最终决定把自己的巧克力递给他，他掰下来一大块，嘴里塞得满满的朝厨房的方向走去。几秒钟之后，他又出现了：

"这巧克力太好吃了！"

我觉得马可·S有点可爱。

12月初，我们冬季成员开始了医疗紧急情况的训练。在康科迪亚站同时出现两名医生，这只是一个幸运的巧合。我的职位并不是医生，而是研究人员，但我仍和意大利医生阿尔伯特一起，把整个团队分为急救组和医疗组。原则上急救组负责紧急情况下将遇难人员抬上担架，等待医疗组的处理。阿尔伯特是医疗组组长，我则负责急救组。我们将同事们分为两队，开始针对严峻的情况进行训练。事实很快证明，要在短时间内将门外汉快速培训成手术助手或者急救人员并不是一个简单的任务。如果真的有紧急情况，我一定不想成为那个躺在担架上的人。

保罗，是在夏慕尼负责全部法国极地研究所医疗培训的医生之一，为了这次培训他专程赶到了康科迪亚站。我们对第一个任务很有信心。我们要模拟距离科考站几千米外的地震学实验室发生紧急情况的情形。地震学实验室是一个洞穴，在其深处有各种仪器用来测量世界各地的地震情况。通常情况下，任何人都不会靠近这里。脚步会干扰测试结果。但我们的计算机专家需要时不时地爬进爬出，以对某个仪器进行校准。因此，他就可能从梯子上摔下去。我们将以此种情况为例展开演习。

我们越冬组的大部分人员和几个夏季组的志愿者踏上了前往"事发地点"的路。在开始之前，保罗解释了营救装备的情况。我们有一个两米高的三脚架。这是一个笨重的三角结构工具，我们刚好可以把它架设在实验室的紧急出口。三脚架上面配有线圈，我们会在上面固定一根绳子，用它可以把等待救助的人拉出来。今天必须有一位假人扮成等待救援的人——一个用旧极地服捆扎成的、装有重物的人偶。

地震学实验室有一个复杂的进入流程：首先要向下迈几级台阶进入小屋。那里有可以控制设备的计算机。莫雷诺检查了一下，然后满意地眨眼示意我们继续前进。当我们爬上一个木梯之后，面前就出现了一口狭窄的雪井，里面又冷又暗。此时我们已经在地表 4 米以下。我困惑地看着莫雷诺。接下来怎么办？他面部扭曲着跪下来。他的头灯射出来的光线刺痛了我的眼，然后又消失了。他去哪了？我忽然发现，在膝盖的高度有一个很窄的过道。我匍匐着进入其中。在过道的另一头我看到了莫雷诺的鞋。我感觉自己被压在了下面，于是深吸一口气，开始往前爬。我很清楚，我身体上方是几米厚的雪堆。前面的空间越来越开阔了。

"并不是很糟糕，对吧？"莫雷诺笑着把我扶了起来。

这个低矮的隧道尽头是一条又长又高的走廊。莫雷诺关掉了头灯，并且让我也关掉。我像爱丽丝一样忽然进入了另一个世

界。我们现在距离雪的表面已经有几米深了，四周全部是冰。我
刚把头灯关掉，就发现四周的墙壁开始闪光。阳光可以穿透雪层
进入其中。不同年份累积的雪层非常清晰。冬天的雪层松软，而
夏季的雪层粗糙，它们交替着累积起来。雪层很薄，因为冰穹 C
降水较少。真正让我感到惊奇的是雪层的色彩。在头顶的雪层是
淡蓝色的，越往下颜色越深，逐渐变成宝蓝色、天蓝色、靛青
色，最下面是淡紫色。我甚至愿意整天待在这里辨认这些颜色。

如果只观察表面，那么雪往往是白色的，因为雪中微小的冰
晶反射了大部分落在上面的阳光，但有些光线却可以突破障碍进
入雪的内部。雪层越深，被吸收的光线就越多。剩下的光线就是
蓝色的。我眼前看到的颜色正是彩虹末端的颜色，人类眼睛能看
到的最后一种可见光，其余的光线就进入了紫外线的领域，对我
们来说就是黑暗。

走廊的左边和右边都刻有各种信息。我走进蓝光照耀的走
廊，对以前的康科迪亚站工作者留下的涂鸦感到惊奇。过了一段
时间，我们走到了走廊的尽头，这是我们来到的第一个洞穴。我
仿佛置身于莫里亚矿井之中。这是通往地心的路吗？我们又往下
走了一点，然后来到一架通往下一个洞口的梯子面前。梯子脚下
的不是霍比特人，而是地震学实验用具。这里全年恒温零下 50
摄氏度。两个积极的救援人员开始工作。我们先在洞口安装好三
脚架，然后意识到，这个气温对于冬季的南极来说格外温和，但
对我们夏日的演习来说却是非常寒冷。严寒和缺氧让我的脑子转
得越来越慢，保罗在三脚架上打好了结，我们却用困惑的眼神看
着他。经过短暂而徒劳的驱寒尝试，我在几分钟之内就失去了半

个救援队的成员。他们用意大利语咒骂着天气，退到回科考站的路上去了。我则顺着梯子爬下去对假人和地震学家进行了安抚。这也是我工作的一部分。他有些抓狂地阻止我的脚触碰到他的仪器。假人内部的金属填充物全部错误地置于他的脚部，将它搬上担架的工作因此变得更为困难。担架也不是为南极的气温而设计的。每移动一下，上面的塑料材质都嘎嘎作响，这感觉好像是厚纸板一样。尽管如此，我们最终还是完成了任务。用三脚架和绳子组成的装置把假人沿着一个又一个的梯子抬上去，最终从紧急出口到达地面。我忽然感觉地面温暖舒适。此刻，太阳光照在结冰的鼻子上，这种感觉非常神奇。

几天后，我们还有一次演习，这次是在美国塔。为了让我不至于毫无准备，我事先和物理学家菲利普爬到了塔尖。

美国塔距离科考站大概 1 千米，塔身是易碎的钢结构，在阳光下闪着银光，就像一个高大起重机的底座。塔身周围有长长的金属绳索，因此四面都结冰了。

这座塔一共有 42 米高。爬上去需要使用攀登绳索。在攀爬的过程中有几个小平台可以进行休整。

戴着帽子的我身高有点超标，在小平台上无法站直。幸好菲利普没有这个问题。为了清理设备，他几乎每周都要爬上去一次。即使在冬天，冒着极寒和黑暗，也是如此。每个平台都有一些工具，用于测量气温、太阳射线、雪地反射情况、气压以及雾、风、洋流的情况。所有的设备上都覆盖着厚厚的冰雪。在向上攀爬的路上，菲利普不断地拿出刷子，小心翼翼地清理所有设备。如果有任何设备出现故障，也要及时进行修正。如果不能修理或者修理不彻底，他就会骂人。如果骂完还是不行，他就只好给设备拍照。回到科考站以后，菲利普会用电脑分析设备收集的数据并进行检测，这样他就知道自己何时必须去塔上看看。每次至少要两人一起去，最多三个人，并且一定要系好安全带。

我一级一级往上爬。当菲利普在平台清理设备时，我时不时会钻进雪云当中。爬得越高，我就越能感受到塔身在风中的晃动。对于康科迪亚站的夏季来说，今天的风有点大，但还是低于安全限制的阈值。当风速达到 5 米 / 秒时，我们就不能爬塔。我的身体仍然有缺氧的症状，因此往上爬并不是一件容易的事情。我一边想着要休息一会儿，一边又在大口呼吸、心脏狂跳的状态下爬了十级台阶。我忽然发现，我们已经到顶了。这里视野十分开阔，毫无遮挡。康科迪亚站看起来非常渺小，如同被人安置在白色板子上的一块乐高积木一般。

菲利普忽然从兜里变出一板巧克力。狂风猛烈地捶打着夹克。我们坐在塔上眺望远方、俯瞰康科迪亚站，嘴里吃着冻得像石头一样硬的巧克力，任凭思绪随便飘飞。南极的孤寂感环绕着我们，但它并未给我带来威胁，却让我为它着迷。我迫不及待地期待着带走夏季成员的最后一趟航班，期待着和越冬组的同事们一起享受冬天，期待着看太阳在长达数月的时间里隐匿于地平线以下。静谧被履带越野车和扫雪机的声响打破，菲利普也打断了我的哲思。

"卡门，我觉得我屁股冻坏了。"

我们最后又看了一眼地平线，然后开始了漫长的返程之旅。

第五章 康科迪亚站的夏天

极地研究同时也是最干净、最寂寞的研究，会经历一段难以想象的糟糕时光。

——阿普斯利·谢里-加勒德，《全世界最糟糕的旅行》，1912年。

　　有很多广为流传的南极探险故事都被认为是失败的经历。欧内斯特·沙克尔顿曾经进行过四次南极探险，但没有一次达成目标。

　　1902 年，他登上了斯科特的"发现"（Discovery）号。这次探险的目的之一是到达南极点。然而船员们对南极毫无经验且缺乏周密的计划，探险开始后不久就出现了败血症的状况。当沙克尔顿疲惫地在南纬 82°17′ 处爬行时，他已经处于比以往任何探险者都更靠南的位置，尽管这里距离南极点仍然很远。

　　七年后，沙克尔顿率领自己的队伍再次进入南极。这次的目标又是成为第一个站在南极点上的人。一共有三个人陪同他前往，他们使用的工具是西伯利亚矮脚马和动力雪橇。动力雪橇无法适应极寒，很快就被放弃了。矮脚马也没有好很多。于是几名成员只好用自己的双手拉着雪橇前进。他们毫不费力地完成了在罗斯冰架上的行程。很快就超过了上次考察时达到的最南点。沙

克尔顿和队员们此刻看到了之前无人欣赏过的风光。在罗斯冰架后面是绵延的山脉，中间穿插着大量的冰舌。他们将其中一个冰川命名为比尔德莫尔（Beardmore）冰川，他们想爬上这座冰

川进而到达南极高原。比尔德莫尔冰川是地球上最大的冰川之一，早期的研究者将之视为登上南极的重要节点。然而，要驯服它并非易事，这超出了沙克尔顿的想象。危险的冰川裂隙、稀薄的高原大气、风暴和苦寒使得探索者步履维艰。他们原本计划每天行进 30 千米，事实上每天却只能前进 8 千米。圣诞之后的一天，沙克尔顿决定缩减供给，原本一周的食物量现在要平均分给十天。

最初的南极考察过程中进行了很多饮食方面的实验。斯科特在英格兰研制了不同的特制烤面包干，以便给队员和雪橇犬提供食物。此外，他还带了可可果、巧克力、茶和佩米坎（Pemmikan）。所谓佩米坎是一种脂肪和肉干的混合物，可以和雪混合做成杂锅菜。阿蒙森则在进军南极时采用了额外的蛋白质来源：他吃掉身体较弱的雪橇犬以便能够继续前行。

在南极，饮食是一个核心话题。当斯科特带领队员踏上去往极点的路时，队伍的另一部分在维克多·坎贝尔（Victor Campbell）的领导下在海岸的西北部安营扎寨。由于补给船不能把他们接走，坎贝尔的小组不得不在这片荒地上度过了一整个冬天。这完全是意料之外的事情。他们储存了 120 只企鹅和海豹，没有什么饮食平衡的考量。由于食肉过多，他们得了痢疾；由于缺乏维生素，他们又得了败血症；部分人因尿液含酸量过高而失禁。他们不忍心将食物扔掉，因为吃了腐败的肉，两次出现了肉毒素中毒的情况。所有队员都开始梦到新鲜的食物，但他们的梦大部分以失望告终：要么是铺好了桌子，但在开吃之前就醒来了，要么是他们走到一家已经关门的食品店门口。其中只有两个

104

人在梦里实现了愿望。早上醒来后，他们仔细地给大家描述了自己在梦里享用的菜肴。

说回沙克尔顿：在去极点的路上，食物最终还是被吃完了。不仅如此，燃料也用光了。没有燃料，雪就无法变成饮用水。他们逐渐陷入脱水的状态。此时，他们距离南极只有 161 千米了。这个距离是以往任何时刻都没有实现过的。沙克尔顿做出了与其时代一般的英雄发现之旅完全不同的决定：他命令队员折返。

"我想到，亲爱的，比起一头死去的狮子，你可能更想要你的丈夫是一头活驴"，返程后沙克尔顿对他的妻子说。

返回海岸线的路也很艰难，但至少四个人都活下来了。他们将这次旅程视为一次成功的探险。沙克尔顿到达了南纬88°23′，队员们成为第一批征服罗斯岛埃里伯斯火山（Mount Erebus）的人。返回欧洲后，弗里乔夫·南森和阿蒙森都对沙克尔顿的决定印象深刻，尽管他非常想要到达极点，但仍然决定返程，而不愿冒着人类的生命危险前进。

沙克尔顿的第三次旅程"耐力"（Endurance）号探险成为了一次令人震撼的英雄史诗，也奠定其伟大探险家的声誉。1914年，阿蒙森和斯科特到达极点两年后，沙克尔顿有了一个新目标。他想成为第一个从南极一端穿越到另一端的人。他计划带领一队人马从南美洲南部坐船到威德尔海然后登陆南极，最后再到达罗斯岛，即斯科特探险队出发的地方。为了完成这项计划，他一共现需要两艘船：一艘是"耐力"号，这艘船将带领大部分船员到达威德尔海岸；"欧若拉"号（Aurora）的目标则是将一小部分成员带到罗斯岛。这部分成员要带着雪橇、食物和燃料储备去迎接从威德尔海岸出发穿越南极的队伍。这样穿越队伍就不必携带过多的储备物资。

威德尔海上的冰层非常高。此前就已经有探险队伍在这片海域消失。"耐力"号到达了距离海岸线130千米的地方。他们认为已经看到了陆地，于是就开始商讨如何安营扎寨，如何用雪橇进行第一次地形考察等。然后冰层就围住了耐力号，船被固定住了，冰山将船不断地向北推动，使得其离南极越来越远。船员们认为，船只慢慢地会从冰层的限制中解脱出来。然而，船只的两侧却先后遭到冰层的挤压，甲板变弯甚至发生裂隙。沙克尔顿劝船长弗朗克·沃斯利（Frank Worsley）道：

"做好准备吧，这只是时间问题……冰块想要掳走的东西，它会坚持到底。"

经过了281天之后，沙克尔顿下令放弃"耐力"号。这艘船不久后就沉没在威德尔冰冷的海底。弗朗克·沃斯利在他的文章里写道：

"如果有人像我们一样了解一艘船的每一个角落且在英勇的战斗中一次又一次地帮助它完成使命，那么告别的时候他们往往充满情绪，且内心是荒芜绝望的。当欧内斯特对我们说'它沉没了，小伙子们'时，我怀疑我们中间有人是毫无感情的。"

他们一共抢救下三艘救生艇和一些物资。这里距离最近的大陆有557千米。由于冰层不稳，这些成员都坐在大块浮冰上。按照计划，每个船员允许携带1公斤的私人物品上船，因此，大家不得不把钱扔掉，只能带上几张照片，并将书中最喜欢的章节撕下来也一起带走。

106

沙克尔顿已经两次在南极度过冬天，他知道要使船员遵从道德准则是多么困难的。1公斤的规则只有1件物品可以例外：一个船员的班卓琴不计算重量，因为这是"精神的良药"。他绝不是个专制的领导者，而是尝试和每个人沟通并传播一种乐观情绪。他最高的宗旨是，把所有人都活着带回去。

107　　他们在浮冰上漂流了长达数月的时间，浮冰因风暴的侵袭变得越来越小。一队虎鲸的背鳍时不时地环绕着他们。虎鲸用头部撞击浮冰，似乎想要将它掀翻，或者至少把一个人撞到水里。最终，冰块出现了一块足够宽的裂隙，可以把救生艇放入水中。他们就这样到达了最近的岛屿——象海豹岛（Elephant Island），在南极北部：岛屿面积很小，没人居住，没有开垦，远离航线。被营救的机会微乎其微。没有人会来这里寻找他们，也没人知道他们在哪儿。沙克尔顿决定乘坐一艘救生艇前往南乔治亚（Südgeorgien）岛，那是一座山地岛屿，并设有一个捕鲸站。南乔治亚岛在象海豹岛北侧约 1200 千米的大西洋深处，而他的救生艇"詹姆斯·查尔德"（James Chaird）号船长还不到 7 米。

　　沙克尔顿选择了五名成员同他一起出发，其余人则留守象海豹岛。他选择弗朗克·沃斯利做领航者，因为如果一旦错过了这个小岛，就会彻底迷失。然而事实证明，想要确定方向几乎是不可能的事。在为数不多的能看到太阳的时刻，沃斯利都会跪在划手座上。左右两边各有一个人扶住他，他则尝试在巨浪翻腾的大海中用六分仪确定方向。16 天之后，海面上忽然出现了南乔治亚岛的踪迹，尽管这听起来似乎是不可思议的事情。

　　这天晚上，飓风侵袭了救生艇，这几乎是毁灭性的打击，最终将艇推到了岛屿另一边的海岸上。这里没人征服过，也没人丈量过眼前的山脉。它将六个人与捕鲸站彻底隔离开来。沙克尔顿依然非常乐观，他再次将队员分成两组：其中两个人和他一起翻越这座山。他们制作了冰爪，把木工锤用作破冰斧，在山里攀爬了五六个小时。沙克尔顿时不时地允许他们睡 5 分钟。当他们醒来时，却被告知已经睡了 1 个小时，借此鼓舞他们的斗志。经过 16 天的海洋之路和 36 个小时徒步行进，他们最终到达了捕鲸站。

这时，南极的冬天已经来临。沙克尔顿共用四艘船分四次才清理了冰层，救出了留在象海豹岛上的队员。等待的人感到惊奇：视野中居然出现了一艘智利蒸汽船。当他们看到站在船上的沙克尔顿时，他们眼中满是泪水。沙克尔顿把所有的成员都救回来了。

第二队成员就没有那么幸运了："欧若拉"号的十名成员在南极的另一端等待穿越者们的到来。由于沙克尔顿不能带足穿越所需的物资，这一队人马应当沿比尔德莫尔线路设立储藏点。他们不知道，这项计划的领导者及其船已经陷入冰层且再也无法抵达了。"欧若拉"号也遭遇了困难：他们在到达指定地点抛锚后不久，一场风暴就摧毁了这艘船。船随着冰雪一起被裹挟进入了大海，船舵坏了，留在船上的东西也没能回到锚地。"欧若拉"号一直向北漂流，最终到达了新西兰。十名船员则留在了南极。这艘船本来是用于安置营地的，船上有大量的储备、装备和燃料。而现在，这些成员却只有他们自己了。尽管千难万险，他们也没有忘记自己的任务，而是尝试建立储藏仓。他们认为，沙克尔顿的队伍会成功上岸，如果这样，他们就已经踏上寻找"欧若

108

109

拉"号的路了。建立储藏仓是一项艰难的工作,在这过程中他们失去了大量的雪橇犬。他们滑行时间最长的雪橇坚持了198天。败血症、雪盲和疲惫纠缠着他们。最后,体力较好的人拖着身体赢弱的人回到了营地,其中有三个人在南极死去。剩下的人则在两年后由开回来的"欧若拉"救回。沙克尔顿在船上,这时候被困的这些人才意识到自己曾经做的工作都是徒劳的。

南极有一种魔力,有些人会被深深吸引,以至于一次又一次前来造访,因此沙克尔顿也没有放弃。1922年,他再次踏上了探险之旅,然而在正式探险之前的南乔治亚岛的考察中,47岁的他因心肌梗死而去世。按照他夫人的意愿,沙克尔顿被埋葬在南乔治亚岛上。他的墓地正对着极点和大海,四周环绕的是南极风暴。

夏天匆忙地离开了南极大陆,因此康科迪亚站的很多人也感到压力。他们只在这里待几个月。每个人都希望在冬天开始之前完成自己的工作和项目。通常大家并不清楚谁会在什么时候到来或离开。我们花了几周的时间才等来了希普利亚——越冬组的最后一个成员。飞机的起降受制于天气情况。航班经常因能见度低和风力大而被取消。当天气合适时,飞行员任务繁重,经常无飞机可定。航班时间表当然也受制于海岸线船只到港和离港的情况。夏天快结束的时候,大部分人会乘坐双水獭去港口,然后乘船前往澳大利亚。进入十二月以后,位于冰层上的飞机跑道就不太稳定了,因此货机不能降落。替代货机的是破冰船和补给船。它们可以用坚硬的船体凿开坚冰,到达岸边的科考站,如迪蒙·迪维尔站、凯西(Casey)站等。从这些站点出发,货物又可以通过飞机运送到康科迪亚站。双水獭机型很小，不需要太长的跑道。从凯西站来的航班尤其受到康科迪亚站的欢迎：这个澳大利亚科考站会酿酒，工作人员常常会送来一桶啤酒表示致意。

出发和到达的延误通常会引发站内的焦虑气氛。我们这些越冬者中则不存在这种情况，因为我们还要在这里待上好几个月。我们很快便开始期待冬天到来之后被隔绝的快乐。

"我最怀念的是在我家后面的小山上跑步"，菲利普有一天早上说道。

"如果你不介意是小雪山的话，我们下午可以去试试"，我回应道。为什么不呢？我们小心一点就好了。人在这里不能不加控制地跑步，否则肺会"烧坏"。

我们花了半小时的时间搭配好零下 25 摄氏度的装备。我穿上了滑雪裤、羊毛 T 恤、羊毛衫和雨衣。此外还搭配了跑鞋、法国极地研究所的帽子、薄丝绸的巴拉克拉瓦头套和太阳镜。菲利普的穿着也基本一样。比起一般的极地套装，我们的穿着看起来更加动感。跑步的过程很顺利，我们既没出汗，也没觉得冷——气温降到零下 30 摄氏度时我又加了一副手套。空气清冽、太阳温暖，我们沿着墙跑，或者在飞机起降跑道上，或者朝着美国塔的方向。随着夏天接近尾声，气温也在逐渐下降。我第一次在跑步时感到脚趾发凉，尽管带着头套仍有冰冷的空气进入我们的肺部并且引起了不适，我们于是放弃了这项爱好。

圣诞前不久，我们收到了一箱子装饰品，其中包括塑料制成的圣诞树。一个周六的晚上，阿尔伯特和我兴奋地开始组装圣诞树，不久后有越来越多的人加入我们的行列。我们似乎有两个圣

111

诞树的各一半，但这两半却不能彼此适配。我们忽然燃起了南极驻站者特有的解决问题的冲动，于是来到工作室开始钻研，使得两半能够焊接起来。所幸我们有一个刚刚学完电焊的技术员。几个小时之后，装饰得五彩缤纷的起居室已经大变样了。

第二天早上，由于生物钟的关系我早早地醒来并坐在餐桌旁边，手里端着一杯阿萨姆茶，眼睛疲惫地看着太阳。它斜挂在天上，仿佛已经到了下午，令人迷惑。我们越冬组的几名同事坐在我旁边，几个夏季组的人坐在后面的桌子旁。我们带着困意说了几句话。天文学家马可似乎是唯一真正清醒的人。他夏季每天五点钟起床，早上要练习瑜伽，晚上有时候会给感兴趣的人讲课。他显然非常擅长讲课，他讲述的内容放松愉悦。此刻他正在愉快地哼着歌。

越来越多的越冬组成员来了，只有一个人还没到。我忽然意识到我好像忘记了什么。我的猜测得到了证实。厨师马可·S 笑着从拐角处走过来，手里拿着巧克力蛋糕，上面插着蜡烛。

我还在思考发生了什么的时候，大家都站起来开始拥抱我，同时给我唱了《生日快乐歌》。我狼吞虎咽地吃起了按照老食谱做的蛋糕。

在夏天的时候，成员之间就出现了因国籍的差异造成的误会。因为大部分法国人不会意大利语，而且意大利人也不会法语，他们大多数人只能说一点点英语。由于理解问题而产生的误会是发生冲突的主要原因。因不被理解而产生的沮丧情绪与日俱增。

夏季技术组的成员几乎无一例外来自法国。技术组的主管很

112

喜欢通过骂意大利人和科学家来消遣时间。他最喜欢侮辱意大利医生。这可能是因为去年夏天在站的一位意大利医生把他派遣到新西兰去了，因为他受伤的手指在新西兰才能很好地愈合。他觉得这个措施完全没有必要并且由此认为意大利医生都很无能。他一整晚都在跟我讲关于他职位的细节。我跟他说，如果他不离开，在南极的气候条件下手指可能真的无法很好地愈合。我心里暗自想，如果是我也会想要因为一点小事把他塞进离开科考站的飞机。

　　我也没能从他的攻击中幸免：我过生日的那天，柯林想要找人同她一起去美国塔维修设备，她不允许独自前往。我兴高采烈地报了名，并觉得这是一次很棒的生日探险。那个长得像查尔斯·林德伯格的飞行员——塞巴斯蒂安（Sebastien）笑着说愿意陪我们前往。于是我们三个人结队，并通过无线电广播了即将登塔的消息。我们享受了塔顶的视野，两个小时以后回到了科考站。随后，我很不明智地路过了技术组办公室。技术组主管就坐在屋里，他看到我就开始喊起来，问我为什么要拉着飞行员去塔上。

　　"我没有拉他，他自己爬上去的。"

　　"这种行为是不允许的！"

　　"啊？为什么呢？"

　　"太危险了！如果他摔下来呢？怎么办？危险！他是飞行员！"

　　他气得满脸通红。我甚至担心他此时此刻立即心肌梗塞。我会让他离开吗？他会在明年夏天跟每个人都讲一下奥地利医生的无能吗？前提是，他能撑过去。

"他自己会知道要爬到哪儿，不能去哪儿。"

"你根本就不能带那些人去！"

"我根本也没有。柯林带着去的。她肯定很乐意和你讨论，如果你能找到她。"我想，柯林在他面前一定是很安全的。首先，他们都说法语，可以更好地交流。其次，他的愤怒不会持续太久。一旦他的压力和愤怒在某人身上发泄掉，他就会认为事情已经很明朗了，然后就忘掉这件事。

可是，他并没有忘记：接下来的周六，在一次酒会上，他走到我面前，由于上周的行为，他感到很尴尬。我们谅解了彼此，并解释称是因为压力太大了……接下来的一周又发生了之前发生过的事。这并不是什么好的游戏，但在康科迪亚站，这种事情并不少见。因此，我更加迫不及待地期待夏季组的成员快点离开。

一个晴朗的夏日周末，我正在实验室研究我们的循环水。水管工人弗洛伦廷和我一起在循环水管道的九个地方采样，然后进行分析。夏天，每两周我们就要进行一次这项工作，冬天则可以三周进行一次这项工作。我会在实验室里检测水的 pH 值、电导率、铵根阳离子含量和磷含量。接着我会把循环水和饮用水放进培养皿，确定其中的细菌污染情况。为此我需要让水通过多层过滤装置，然后加入营养素，保持混合溶液在 35 摄氏度的恒温箱里放置几个小时。如果水被污染了，那么营养素中的细菌就会繁殖。

当我今天从恒温箱拿出培养皿时，脱口而出叫了一声"啊！"厨房水龙头和循环水系统中都出现了菌群，甚至还有大肠杆菌，厨房水管里也有。这时候，一个意大利人进入我的实验室。我手里拿的是什么？我的眼睛继续盯着细菌，跟他解释道，这是最新的水培养皿。

"我必须再做一次实验"，我说，而我的同事已经惊恐地一路小跑离开了实验室。几分钟之内，整个科考站都知道最危险的微生物混入了水中。我们的饮用水是自己生产的，我们会用挖掘机从几百米开外的洁净区带回一些雪，放在加热器里融化、过滤，然后直接分送到科考站的各处。事实证明，有几个意大利人没有遵循这个流程。几秒钟后，我还在思考这个问题时，另一个同事就进入了我的实验室，给我看他赤裸的后背，并问我身上的疹子是否由水中的细菌引起。我盯着他的后背看了几秒钟，这时又来了一位同事说自己身上有相似的斑疹，不过长在不便于展示的部位。他问有没有可能是水的pH值异常造成的？我给他看了pH值的数据单，所有数据都正常。我试图能够掌握这混乱的场面。

"我这边只是皮肤特别干。你们会用什么身体乳吗？这边空 116 气很干燥。"

不，两位亲爱的同事，但他们每天要洗三次澡。我笑了，但他们很严肃。我建议他们不要过度洗澡，要认真涂身体乳。这时候，第三个人来到了我的面前。这次是科考站的夏季站长——吉安·皮埃罗（Gian Piero），他让我下次结果出来时直接去找他。他希望是第一个了解结果的人。这样我们就可以一起考虑下一个告诉谁。当我正想着如何用意大利语解释时，他就不见了。接着，技术组组长面红耳赤地冲进实验室暴躁地怒吼，关于水的数据只和他有关系。他才是负责循环系统的人，是科考站的领导，医生和其他人根本不该感兴趣。此外，凭什么我要从厨房取样培养？如果厨房水污染了，从干净的地方采样不就行了。或者干脆在采样之前消一遍毒，不就没有细菌了嘛？最后，医生急匆匆地赶来，也请求我一旦出了结果要第一时间通知他。慢慢地我觉得这整件事情一点都不奇怪。

意料之中，再次检测时培养皿的结果都是干净的。雷声大，不下雨。第二次分析的结果我直接通过邮件发送给了全站人员，然后就出去散步了。

圣诞的气氛在两位厨师那里尤为明显，他们已经愉快地商量了很久。他们一定为 12 月 24 日准备了什么。我的督导娜塔莉和我决定帮他们一起准备。当然要为圣诞前夜烘焙牛角面包。我们用的是比利时的配方，马可·S 贡献了一瓶意大利南部的红酒，晚饭后我们把厨房变成了一个面包房。做牛角面包是一项耗时的工作。做好面团以后要不断重复降温和折叠的步骤，我们只能唱着歌或者面露疲惫地等待。莫雷诺陪着我们一起，我们一边唱歌跳舞一边听着阿巴（ABBA）乐队*的歌曲继续加工面团。直到凌晨四点，我们才拖着疲惫的身体向床走去。

两小时后，闹钟响了：我们的面包是为早餐准备的。我们又在厨房见面了。我们都沉默着把面包卷起来，然后放进烤箱。九点钟左右，屋内到处都弥漫着香味，为 80 人准备的面包摆在餐厅。娜塔莉、莫雷诺和我倒在沙发上。我们每个人享用了两块来自南极的面包，然后立刻就睡着了。一个同事看到这个场景，拍

117

---

* 阿巴乐队是瑞典的流行组合，成立于 1972 年，乐队名称来自于乐队四名成员的姓名缩写。——译者注

下了一张沉睡面包师的照片。然后大家就拍了一系列照片，记录着越冬者在阳光明媚的白天呼呼大睡的样子。

我在勃朗峰接受山地营救培训时，第一次听说了康科迪亚站的燃料问题。雅克——迪蒙·迪维尔站的越冬医生——对我说，从几年前开始，"星盘号"（L'Astrolabe）破冰船就负责从塔斯马尼亚（Tasmanien）直接给迪蒙·迪维尔站和康科迪亚站提供物资、材料和实验包。过去一段时间，冰层不断向北移动，以至于破冰船已经不能接近大陆，不得不直接在冰层边缘抛锚。只有必要的物资才能通过直升机运输。燃料通常就留在了船上。冰层之所以向北扩展，可能是因为气温上升导致海岸线边上的冰川融化。南极表层的水是咸水和甜水的混合物，消融速度更快，对冰层的扩张影响更大。

"如果今年夏天，他们又没办法接近大陆的话，那么康科迪亚站冬天的燃料可能就不够用了。那么你们就不得不在冬天开始前离开科考站。"

这让我感到不安，不仅是因为我想要在这过冬。这种影响可能是巨大的：如果康科迪亚站一年都没有供暖的话，这个科考站就会彻底毁坏。在零下80摄氏度的气温里，任何结构都无法保持毫发无伤的状态。这是"白色火星"的终结吗？还有，随"星盘"号运送的燃料到达海岸线还远不是最终目标。从他们抛锚的地方到康科迪亚站还有1100千米的陆路要走。

怎样才能最高效地从海岸线到达南极内陆呢？

斯科特已经试过运用装有马达的车辆替代矮脚马和雪橇犬。尽管他的车辆并没能够走得太远，只在罗斯冰架上走了几千米，

118

101

但我们今天却仍然依靠相似的方式进行运输。

飞机很少能降落在康科迪亚站附近。这里可以降落的最大机型是巴斯勒，但对货物运输来说，它还是太小了。飞机运输受天气影响，可能会有危险，而且成本很高，因此，通常采用履带越野车运输。这种小型履带越野车后面会拖着装满越冬所需的装备、食物、燃料和包裹的雪橇。每年会从普鲁德姆角（Cap Prud'Homme）附近出发来康科迪亚站两至三次。

1993 年，这条路线由帕特里斯·高登（Patrice Godon）带领的法国极地项目中开辟。高登是目前在南极上走过里程数最多的人。至今，他仍然在迪蒙·迪维尔站度夏。在那里他被尊称为亲爱的"神"。

俄罗斯人也从 20 世纪 50 年代起，开始使用履带越野车给东方站运输物资。美国则从 2005 年使用这种设备将麦克默多（McMurdo）站和南极第三个永久性科研站阿蒙森—斯科特站联系起来。美国人将之称为"快速路"，但这种称谓并不太恰当。南极冬季的狂风和飘起的雪花会让雪橇走过的痕迹迅速消失。人们没办法利用参照物确定前进的方向。

履带越野车的动力为 320 马力，速度为 7 ～ 18 千米 / 小时，根据雪的厚度和天气状况有所差别。有的履带越野车个头很大，配有探照灯。在南极的夏天，太阳从不落山，但可能会出现乳白色的天空，人们会因此失去方向感。履带越野车前面会有一辆凯斯鲍尔（Kässbohrer）*，用来压平道路，两边会形成一道雪墙，这

---

* 一般指德国产的履带式雪地车，可用于铲雪等用途。——译者注

样在返回的途中就可以轻而易举地找到来时的路。通常会用粗绳子将两辆履带越野车绑在一起，以便拖动很重的货物。除了装着燃料、装备和食物的集装箱，后面还有一个小车箱，里面装的是厨具、卫星双向无线电装置和给驾驶员睡觉的小床、工具箱、融雪工具以及厕所。这个团队最多可能由 10 名成员组成，其中一半是机械师。每个人都可以负责驾驶。如果天气条件允许，他们每天开 14 小时履带越野车，可以行进 100 ～ 120 千米的距离。

120

履带越野车消耗的燃料必须经过精确计算，否则就可能在莫名其妙的地方停下来。几十年前，一辆前往东方站的履带越野车就曾经遇到过这种情况，所有的成员不得不忍受饥饿。为了防止这种情况发生，人们会在沿途为可能发生的紧急情况放置一些燃料桶。南极夏天第一辆开进的履带越野车需要设置好中转点，这也是给双水獭飞机准备燃料的地方，开往康科迪亚站的飞机也会在这里经停。在加满燃料的情况下，小飞机可以不用补充燃料直接飞到康科迪亚站。但路上一共有两个中转点，一个可以通往迪蒙·迪维尔站；另一个可以通往马里奥祖切利站。

在普鲁德姆角和康科迪亚站之间有 1100 多千米。人们试图每年都走同样的路线。然而事实证明，这通常很难，对于最初几辆到来的履带越野车尤其困难。风雪会掩盖去年走过的路。前一半的路程很有问题：这段路高低起伏，在软质雪地上很容易陷入其中，风暴来袭时则更容易陷入裂隙。有时在出发前会用直升机先勘察一下危险路段。提前知悉有裂隙的地方，可以使履带越野车绕道而行。如果履带越野车碰到了裂隙，有两种可能：要么绕道而行，要么用雪填上然后开过去。两种方法都需要很长时间。

121

越往南开，危险性就越小，行进速度也会相应变快：不会再有裂隙，雪也更加坚实，路也越发清晰。

按计划，这个夏天会有两辆履带越野车来到康科迪亚站。第一辆一般要花费 12～15 天才能到达目的地。在康科迪亚站，我们会知道我们的燃料都放在哪里。在一个美好的早晨，我们得知"星盘"号已经从荷巴特（Hobart）港出发。所有人都长舒了一口气，第一步已经完成了。4～6 天之后，船就会到达南极的海岸线。夏季技术组组长确信我们可以拿到燃料。越冬组则持保留态度，但一个因素给了我们希望："星盘"号的旧船去年退役了，今年我们用的是一条全新的破冰船。新船也沿用了旧名字，它从造船厂刚刚下线，全新履职。这艘船第一次由法国军队掌管，船长是一名女性。我得到了少量关于造船、出港以及路线的消息。现在我的好奇心更多的来自迪蒙·迪维尔站的无线电消息。我们每天都在技术人员早会上等候新消息。菲利普说，如果不能正常卸货，那么一定会有应急预案的。

"或许可以把燃料桶和物资捆在一起，由飞机运送过来，然后空投给康科迪亚站。"

有一瞬间，我不知道他是否是认真的，然后我笑出了声。

"我是认真的。这是 B 计划。"菲利普对我说。

122　　我笑着问他能否在飞机开始空投之前告诉我一声。我脑海中已经浮现出自己跳上滑雪车、发型凌乱地躲避意大利燃料炸弹的画面了。

最终，船在 12 月初到达了南极的海岸线。

"搁浅在冰层了"，有一天早上技术组长在小声嘟囔，我们露出了担忧的目光。每个早上都会有一点点新的消息，直到最后一天：

"已经足够近了，可以卸货了！"

越冬组欢呼起来。我们无差别地拥抱身边的所有人。

只有一个意大利人比较忧郁地说希望履带越野车可以顺利抵达。于是，我们又陷入新一轮的等待。

最终，在12月24日，第一辆履带越野车顺利到达，为科考站带来了大量燃料，但厨师们感到了压力。他们忽然要给额外十个人准备圣诞餐了。康科迪亚站驻站人员的欢迎委员会前去迎接了履带越野车的到来。我们骑着宽胎自行车、滑雪车或者徒步走在路上，兴奋地挥舞双手迎接拯救者们的到来。在一片荒芜中忽然升起来白雪覆盖的履带越野车，它们在白色荒原上留下了一条轨迹。

圣诞节餐以站立式自助餐拉开帷幕，餐台上有海鲜、田鸡腿、鹅肝和法式肉酱。我甚至不需要靠近就能猜到。越冬组成员有自己的桌子，双水獭的飞行员也和我们一起。我们度过了一个愉快的晚上，吃个一份八道菜的套餐。我们的医生——阿尔伯特穿上了圣诞老人的衣服；夏季组的厨师弗朗克用柠檬变出了来自其故乡撒丁岛的果子露；信息技术专家把鸡尾酒和冻草莓混合起来；最后技术主管说"骨折帐篷"（意大利语：Spaccaossa，原意为断掉的骨头）已经暖和起来了，那里可以开酒会（Party）了。

如果骨折帐篷没有被征用做实验的话，这里就是康科迪亚站的酒会帐篷。这个橘黄色的狭长帐篷距离科考站约500米，在夏季营地附近。这里装配了音乐设备、酒吧和一个大舞池。帐篷的

123

名字来源于几年前一名女性成员在酒会之夜不想喝酒的故事。为了灌满她的水壶，她只能跑去夏季营地，然而路上却摔了一跤，把腿摔断了。自此，这里的水箱总是会灌满水，然而大家还是觉得在骨折帐篷喝酒才是理智的选择。

享用了丰盛的圣诞大餐之后，几乎全站的人都聚集在骨折帐篷。两位技术人员自称为"南极最棒 DJ"（他们的竞争者是一位冰川学家）。他们调的音乐还不错，于是大家跳起舞来。

南极的酒会特别放松。也许是因为我们离其他人都很远。也许是因为我们迫切地需要从高强度的工作中解脱出来。或者仅仅就是因为在听着法国音乐在冰雪的荒原里跳舞是一件很超现实的事情。即使是平日非常严肃的同事此刻也受到了大胆舞步的鼓舞。初到南极几周的缺氧症状让我们气喘吁吁。

当我凌晨三点离开帐篷时，太阳依旧高悬在天上。在回科考站的路上，困倦很快就消散了。我的靴子在干燥的雪地上嘎嘎作响，我观察到，我呼出的气在半空中漂浮。轻微的噼啪声让我注意到，我的头发已经结了一层厚厚的冰晶。经过一个月对高原环境的适应，登上科考站的台阶已经不是什么难事儿了。当我关上重重的入口大门后，这里就被黑暗和温暖包围了，一切似乎都静止了，原本细碎的声音也都安静了下来。我哼着一首法语歌，经过了一幅挂在墙壁上的艺术家的画作。

无论是在冬天还是在夏天，每个周六都要举行一场会议。会议的组织者和主持人是科考站的站长，全体驻站成员都要参与其中。夏季，起居室会因为开会而变得格外拥挤。会议会公布最重要的事宜，如将有几班飞机到达，目前载货履带越野车的情况，

124

接下来一周的特别任务以及寻求志愿者等。夏季会议用意大利语召开，再由为数不多的双语者翻译成法语。一开始，我感觉通过这种语言的混用慢慢可以听懂所有的内容。这种想法很快证明是我的妄想。有一天，我们被严肃地告知，就快没有厕纸了。技术组长用笔紧张地敲着桌子。接下来的一周里，我都确信我们即将遭遇厕纸危机。结果证明，这里说的纸是擦手纸，大部分人都不会用到，因为我们使用毛巾。我这才放松下来，但随之也产生了一种新的不安，如果我把所有的事都理解错了怎么办。

　　会议的重点之一是逃生练习。火灾是南极科考站最坏的情况。科考站每一层都有一个逃生门，后面是紧急出口。由于其构造和形状，它通常被称为"袜子"。在一次练习时，我从最近的紧急出口逃出。那扇沉重的逃生门是往里开的。我面前有一个触感很软的塑料板向外延伸，看起来像是海盗船的跳板一样。它伸出科考站墙壁大概两米开外，非常牢固，我可以放心地站在上面。为了防止意外坠落并对抗南极天气，四周还罩起了篷布。我俯身移除了塑料板的圆形盖子。这里有一个洞口可以进入"袜子"。一根软管打开了，一直延伸到南极的地面，如同滑水轨道一般。如果是快速逃生的话，人只需跳进洞口，顺着"袜子"滑下去然后降落在室外空间。我们每周会在不同楼层演习一次。练习当然是必要的。滑下去的速度需要个人自己来控制，可以用双臂和腿来刹车。第一次在三楼练习时，我莫名地在最后几米的地方卡住了。在通道的尽头始终有个人提供帮助，以防有人刹车不足直接冲到冰上去。这次的帮助者是布鲁诺（Bruno）——技术组成员之一，他站在通道的尽头笑弯了腰，因为我滑不动了。我像一只虫子一样向出口的方向蠕动。需要重力的时候，重力跑到哪儿去了？顺便提一句，第二次尝试的时候我高速冲进了下边等待的人的怀里。第三次我才掌握了窍门。"袜子"通道只有夏季才能使用，它的材质在冬天很容易冻坏。

冬天大家就要想一想，是愿意从 20 米高空直接跳下，还是愿意被大火包围。

会议的最后一项议程始终不变：细数注意事项。滑雪车速度不要太快。正确进行垃圾分类。洗澡时间不要太长（融化雪需要消耗燃料）。最重要的是："不要在洗澡时小便。"这项听起来简单的规则实际上一旦被忽略最为致命。我们的下水系统（厕所除外）是循环的。水循环系统——灰水处理装置（GWTU）由一家法国公司和欧洲航天局联合研发，这个装置一方面可以供未来的飞船和空间站使用，一方面可以供地球上偏远或缺水的地方使用。康科迪亚站是一个实验基地。只需注意几项简单的规则，这个系统就可以很好地运转。其中一条就是：不能在洗澡时小便。尿液中所含的铵根阳离子会阻碍装置中过滤器的运转。只要我们当中有一个人不遵守规则，循环水就会产生一些难闻的气味。直到下次更换水之前，这些气味会一直存在。这个过程可能长达数周的时间。

刚过完圣诞，一个同事从洗衣房出来拿着刚刚洗过的 T 恤放到我的鼻子旁边。循环水也是洗衣机的水源。所幸，在冬天到来之前，全部的水进行了更换，我们希望整个冬季都不再闻到那种气味。水循环系统不断地完善，我们越冬后的夏天又增加了几个过滤芯，现在已经可以把铵根阳离子过滤掉了。

灰水处理装置的命名来自其功能，它只处理灰水，即下水。通过融化雪得到的饮用水需要经由单独的管道运输。因此，每一层和所有的洗漱间里都既有循环水管道、也有饮用水管道。循环水用于洗手、洗澡、洗衣机和洗餐具等。

对于循环水来说，只能使用特制的名为"Cadum"的洗发水和沐浴液。科考站里洗发水和沐浴液的储备量极为充足，这些东西最好不要短缺。这种沐浴液是为数不多的不会损坏过滤装置的清洁材料。洗涤剂也只能使用一个牌子：Gradex，一种具有浓烈气味的黄色液体。其他的香皂泡沫太多，可能会在循环水箱里形成泡沫，短时间内填满灰水处理装置。一旦出现在这种情况，管道工人可能就要哑然失笑了。他非常细心地照料着循环水装置，甚至给它取了一个昵称叫"La Blonde"（意为女朋友）。

圣诞节后不久，我在科考站的服务器上找到了电影《怪形》（英文：*The Thing*）。我隐约记得在维也纳时有同事向我推荐过这部电影，以便为南极生活"做更充分地准备"。我很快说服菲利普和莫雷诺一起过一个电影之夜。电影内容对我们来说并非不现实的东西。在南极越冬过程中，挪威研究者在冰层中发现了一艘飞船以及地外宇航员。他们把这些外星人挖出来，带入科研站。外星人解冻后杀死了挪威人，然后走向附近的美国空间站。这是一个恐怖故事。对于越冬者而言非常不利的是，外星人可以复制DNA从而变换形态。比如变成和我一起坐在软垫上的同事的外形，并和我一起看电影。对于三个即将和陌生人封闭起来工作数月的人来说，这是一部理想的电影。

"嗯……我们有喷火器吗？你们知道的，只是处于好奇……"

　　元旦后的一周，第一批夏季员工离开了。和其中几个人道别让我心情沉重。马蒂亚斯（Matthias）和克劳蒂亚，可以和我用德语聊天的人；娜塔莉，给我讲了很多有趣的南极故事且帮我分析了我们团队心理状态的人；弗朗克，那个永远微笑的技术人员，整天坐在他的履带式除雪车里，为了把覆盖的积雪全部扫光；保罗，法国极地研究所派来的急救医生，对我进行了紧急情况的医疗培训；路易斯（Louis），爱冒险的技术人员，他才刚刚在迪蒙·迪维尔站越了冬，并开着履带越野车来到康科迪亚站；还有阿尔伯特·S，一个大胡子冰川学家，手里总是拿着相机，离开康科迪亚站后想要骑行环游世界。娜塔莉担心地看着我，说了些告别的话。这些话我时常能够想起：

　　"记住：即便你的冬天有些不愉快的经历，但它仍然是一个你以后值得一讲的好故事。"

第六章 等待冬天

这些天对于某些人来说像是永恒一般——它们是难忘的——

出了极地，再也无法找到这样的地方……

人们总是希望，或许可以从这带些什么回去，

但只能带走对这份无与伦比的美丽的轻轻一瞥。

——爱德华·威尔逊的日记，1911 年 1 月 4 日。

129   一月中旬，我们来到康科迪亚站已经两个月了。我们的面容既疲惫又紧张。科考站还是人满为患。还有七十个人，和某些人一起生活的每一天都是一种挣扎。我第一次了解到，让南极生活变得困难、让越冬十分恼火的不仅是隔离、封闭、寒冷、缺乏感官刺激或者黑夜漫长等因素，还与同谁一起生活有关。

"只剩下 16 天了"，莫雷诺小声对我说。他准确地记录着夏季人员离开的情况，每天都和我谈论进度。莫雷诺和马里奥特别

130   受不了那个暴君式的技术主管。他在整个夏天都负责广播室。在这个时间点上，我们也越来越感到紧张，我们剩下这些人会怎么样呢？希普利亚，冰川学家和站长本该在 12 月抵达，但是因为合同问题，他推迟了抵达时间。最终，他已经来不及从澳大利亚乘坐飞机前往：冰层已经进入大海，马里奥祖切利站附近的陆路也不存在了。取而代之的是乘坐法国破冰船"星盘"号前来。星盘号从哈巴特港到南极海岸需要 4～6 天的时间，然后希普利亚又在迪蒙·迪维尔站耽搁了。先是飞往康科迪亚站的航班因为天气原因被取消，然后又赶上在运输季结束前三周时，负责此航线的飞行员突然被解雇了。于是，我们又需要等待加拿大派来新的

飞行员，这花费了大量的时间。我甚至一度自问，我们最后一位越冬者还会不会来到康科迪亚站。

一天晚上，莫雷诺、菲利普和我在客厅喝茶。吉安·皮埃罗忽然来了，他是夏季站长。当他走过门框时，需要弯一下腰。他的工作并不是很顺利，因此温柔的脸上总是带着忧虑的表情。被分配到站长的职位，他也很意外。实际上，他更愿意待在车库里维修设备。在对话中观察他是一件有趣的事。如果你想从他那里得到什么具体的东西，你很快会因为他的回避而感到沮丧。前不久，我因为遗失了一个实验箱去找他。等他和别人的对话结束以后，问他是否知道我的箱子的下落，这位站长友善地看着我，大声用意大利语说道：

131

"卡门！你是今天和欧洲议会开会的不二人选！留下来，就站在我旁边！以防有人问医学方面的问题！"

正当我用蹩脚的意大利语知识试图弄清楚自己是否正确地理解了他的意思时，他就跑掉了。过了几天，当我在实验室门口的走廊上碰见他时，已经找到了箱子，于是就问他是否可以放在门口。他的回答看起来很开心：

"卡门！你今天看起来像是初升的太阳！"

他笑得有点前倾，在我想出合适的答案之前，他又消失了。完全与环境融为一体或许是他最大的特点。尽管如此，我还是挺喜欢他。他有点孩子气在身上，对自己和对周遭的一切都不是很严肃。此外，他对参与眼下的权力游戏毫无兴致。作为科考站的领导，他的执行力虽然毫无助益，但是起码让他显得可爱一些。

一月中旬的一个晚上，吉安·皮埃罗冲进起居室的吧台，做了一杯意大利人尤其偏爱的草绿色饮料，又在上面放了一勺雪，然后坐下来。他像是有阴谋似的将身体向我们三个的方向倾斜：

"你们在举行越冬者秘密会议吗？"

接着他压低声音问道："希普利亚还会来吗？如果他不来，你们当中谁来当站长呢？"

从莫雷诺和菲利普的回答上我看出，他已经不是第一次说这种话了。希普利亚不会到来的可能性忽然就变得很真实。我心里感到不适。不仅是因为在布雷斯特时，我就认为希普利亚是最可爱的人之一；也是因为经过和队员们两个月的相处后，我发现没有其他人能够胜任站长的职位。这不是说，我认为希普利亚是承担这个任务的完美人员，毕竟我和他的接触只有一周的时间，但至少，我在过去的两个月仔细地观察了剩下的 11 个人——我认为，没有任何一个人能够胜任领导我们这支队伍的工作。在夏季发生的诸多事件已经让我们看到了自己的弱点。团队关系处于一种脆弱的状态之中。我期待原定站长的到来会缓解这种情况并带来很多问题的解决方案。他毕竟还是和南极的混乱状态保持距离的人。尽管我很清楚，期待他创造奇迹并不是一件公平的事，但是我在经历了无数失眠的夜晚后感到非常疲惫，也被每天日常的矛盾消耗得精疲力竭。在其他 11 位同事的脸上，我也看到了相似的神态。我想，希普利亚至少热情高涨的同时也很冷静，还没有完全陷入南极的状态之中。从过去越冬者的故事中，我也意识到，有一个好的团队领导非常重要。

我尽量能够跟上他们的对话，从中得知，菲利普和莫雷诺都想当团队负责人。莫雷诺已经表态，他愿意接过这项工作，"只要整个越冬团队都同意"。我想，这也许是最好的选择了，尽管我们所有人意见一致的可能性接近于零。

"看看吧"，吉安·皮埃罗说："新的飞行员已经在路上了，也许还会飞上一班飞机，否则，哈哈哈，我们所有人就要待在这儿了！"

我露出惊恐的目光，甚至背景音乐都停了一下。

133

"那你就可以继续当站长，直到 11 月"，我笑着说道。皮埃罗立刻向我保证，他宁愿徒步走到海岸线去，也不愿意在康科迪亚站过冬。这时一个人从旁边走过。听到皮埃罗的话，天文学家也坐了下来，他也想参与这次去往海岸线的行军。他们都没有走太远，因为他们的计划总是被宣布得很伟大，但没走几千米就被同事们气喘吁吁地接回去了。

如同一个月以前一样，我们仍然在等待履带越野车。我总是按时参加技术组的早会，以便听听是否有些关于迪蒙·迪维尔站的新消息。大部分越冬组的成员都在我旁边聚集。有一天早上，我终于听到了期待已久的消息。"他们今天过来！"皮埃罗高兴地大声说道。紧张的情绪终于放下了。在去吃早饭的路上，菲利普和莫雷诺赶了上来：

"我们应该给希普利亚做一个欢迎的牌子！"

"……警告他要待在这里了。"

紧接着我们就坐到了病床上，周围有一大堆彩笔和一个大纸壳。

"我们写点什么呢？"

"写个'欢迎，希普利亚'怎么样？"阿尔贝特问道，他从门诊室里面看着我们。

"不，我们需要更恰当一点的话……"

莫雷诺把纸壳拿到自己面前很高的位置，好像要欣赏一幅毕加索的名画一般。

"我们把纸壳一层一层折起来，然后再折起来的边上写上欢迎，里面弄点有意思的东西怎么样？"

"回你的飞机上去？"

"这是个陷阱。"

"跑，希普利亚，快跑！"

最后一句得到了最多人的认同，于是我们就像小孩子一样愉快地画起了海报。

当双水獭飞机出现在视野中时，已经是下午晚些时候了。像以往每一次飞机降落一样，大部分人都聚集起来。几个人是飞机组的，负责指挥飞机停泊的位置，以便于加油和卸货。而越冬组的所有人聚集起来只有一个理由：欢迎最后一位成员——我们的站长。阿尔伯特和马可拿着相机，莫雷诺拿着"跑，希普利亚，快跑！"的牌子，菲利普拿着一束塑料花。只有马里奥没有被这件大事从他的广播室里吸引出来，其他所有人甚至在飞机还没降落的时候，就已经笑着站在停机坪旁边向飞机招手了。我们如同往常一样被飞机扬起的雪形成的薄云笼罩。引擎又响了一下之后，飞行员从驾驶舱走了出来。紧接着，希普利亚满脸笑容地从飞机里爬下来，无比幸福地拥抱了所有人。

过去几周的紧张消失了。我们 13 个人终于到齐了。康科迪亚站越冬组全员到位。

夏天的最后几周非常紧张。希普利亚抵达后的那天忽然就出

134

现了一出滑稽剧。我的离心机忽然发出很大的声音，然后嘎吱嘎吱地停止了工作。我不知道整个科考站都停电了，于是来到技术办公室寻求帮助。所有的技术员都急急忙忙地跑来跑去。我手里拿着装着血液的试管和厨师马可·S一起出现。马可·S正在为自己没做完的意大利面而担忧。雷米匆忙地路过，然后对我们小声说： 135

"发电机停止运行了。所有的都停了。"

他对我们的反应显然并不满意，然后又接着说道：

"这意味着，目前科考站已经无法取暖了。"

"唔，哦。"

很快，一台紧急备用的发电机被从集装箱中拿了出来。我们因此没有冻坏。幸运的是，不久后所有的发电机又重新运转了起来。寻找问题的过程引发了之后几天内的其他闹剧。

在夏天，一台发电机的失效已经让我们非常紧张。如果这样的事情发生在冬天，后果将会是致命的。1982 年，一场火灾曾经毁坏了俄罗斯东方站的发电机组。驻站人员唯一的取暖来源是用石棉线灯芯浸泡石油后制作的蜡烛一样的小装置。当他们在 227 天后终于得救时，有人问道：你们的冬天如何？他们的答案是：

"啊，很可以。"

东方站的人似乎比其他民族的团队承受能力更强。

闹剧还不算完，水循环系统又出现了一出小悲剧。似乎有人把含肥皂的物质冲进了某个厕所。在一个美好的清晨，大约凌晨 3 点左右，技术报警器的声音响彻整个科考站。水管工眼睛都还没睁开，就成为了全站的焦点：整个循环装置和周围的

136 空间里，积水已经齐膝深了，还充斥着满是泡沫的排泄物。显然，一小勺肥皂就足以让动塔的一层遭遇世界末日般的打击。在接下来的几天里，整个区域都有种难闻的气味。在这种情况下，为了进行彻底的清洁，厕所就不能使用了。我往浴室方向前进时，上面有一个牌子宣示着噩耗的来临："厕所暂停使用。请使用INCINOLETS！！"

所谓"INCINOLETS"就是应急厕所。一旦它们派上用场，大家脸上就会出现痛苦的表情。它的名字就是项目的名字：它是垃圾焚化炉上的厕所。所有排进去的东西会被立刻焚烧掉。这个厕所也给大家带来一项挑战，即不能在此小厕，否则整体温度就会降低，人们就不得不……够了。在这犯错误，不是一个明智的选择。在应急厕所旁边有一个木桶，可以供人小便使用。使用应急厕所是一个相对复杂的过程。这里有不同语言写成的使用说明，上面列举的步骤一个都不能省略。人们无论如何不能过于匆忙。为了警示使用者，墙上挂着一些图片，说明当使用者忘记了放保护纸或过早启动燃烧程序时的后果。结果就是，好几周的时间里大家都没有兴趣把屁股坐上去。由于温度的原因，人们得在别人用过应急厕所一小时后再使用。科考站还有40个人住，而应急厕所只有两个，因此大家在计划上必须要有创造性。在有黑

137 水箱和下水循环之前，康科迪亚站只有应急厕所。这种厕所也是很多其它南极科考站的标配。作为罕见的经历，这无疑是有趣的，但我还是希望科考站能用上正常的厕所。

在夏季人员离开前的最后一个周六，吉安·皮埃罗在周会上带着一把巨大的木剑，脖子上戴着一个挂有钥匙的链子来到客

厅。这是站长的交接仪式。

"凭借我职务之权力，我，吉安·皮埃罗任命你，希普利亚成为康科迪亚站的下一任站长。希望你带领队员成功度过漫长的冬天！"

如果他是拿着这样一把剑并带着笑容走向我，我可能会立刻逃走，在冰雪荒原上四处奔逃。希普利亚还不熟悉他，因此还能够心平气和地接受。但是当皮埃罗的剑刃重重地落在他肩上时，他也需要努力克制自己往后退的欲望。那把钥匙结果是酒窖的钥匙。所有的酒（在冰箱里储藏的啤酒除外）都在单独的房间里储存，唯一的钥匙由站长保管。如果有人想要调酒或者准备庆祝活动，就需要列一个清单，由站长亲自去拿取原材料。酒精消费的量是严格限制的：不能单独喝酒，不能工作时间喝酒，醉酒后不能离开科考站，不能酒后操作任何设备。在南极，或许是社交原因，或许是为了应对精神上的状况，人们通常比预想地更快成为酒鬼。独自酗酒或者酒后驾滑雪车出行可能导致灾难。因此，存放酒的房间要锁起来，由站长对酒精消费情况进行监管。

两天后，希普利亚站在我面前，他食指上挂着的钥匙催眠似的晃来晃去。

"你能帮我拿几瓶红酒在晚饭时喝吗？"

他的表情对于这个小小的请求来说显得太过严肃。我点点头，跟他去了。我很清楚，酒窖在干燥储藏区最靠里面的拐角处，通往这里的路是科考站里可以说悄悄话的地方之一。前提是，你得有钥匙。有人说我坏话吗？我该怎么表现？很多事情浮现在我的脑海中。这段时间，希普利亚和我几乎每天晚上都待在

138

119

模拟驾驶舱里面，以便在冬季开始前可以完成对他的操作培训。由于他白天要进行关于冰川学和站长工作的培训，因此他可用的空闲时间很少。我的时间也不多，但这并没有影响进度。只有在他的培训完成后我才能开始实验。这个模拟舱实验让我很感兴趣。除此之外，我认为希普利亚已经能够很好地操控联盟号模拟舱了，只是还需要一些练习。这很不错。

"人在这会儿都会变成偏执狂的，"我脑子里闪现出我的前任实验员跟我说的话，希普利亚则打开了酒窖的门并打量着酒的库存。也许他只是需要人帮他拿酒而已。然而当他转向我的时候，这个希望立刻就破灭了：

139

"我觉得，有个技术员可能要退出。"

"哦。"

我事先并不知道这个情况，我的两位经验丰富的督导都曾在这度过几个夏天。他们都曾经警告我，肯定会有成员因为实验而出问题。一旦出现这种情况，我就应该让他退出。"为这种事让你度过一个糟糕的冬天，这不值得。如果他想停下来，就让他停下来。"我当然希望每个人都能坚持到最后。尽管我也知道，这种情况很难发生。冬季又漫长又艰苦，每个人都会有点疯狂。由于各种各样的原因，每年都有人退出。13 个人中有 12 个能坚持下来就已经是罕见的记录了。希普利亚忧虑地看着我：

"这不是你的问题。无论如何，我再和他谈谈。"

"为什么他不直接跟我说呢？"

"我觉得他可能不敢。"希普利亚露出迟疑的笑容："或者他希望你跟我交涉。"

"别担心，我首先和你交涉联盟号的着陆问题，然后和你交流酒窖的钥匙问题。"

"哎呀。抱歉，我因为联盟号的实验耽误了你晚上的时间。"他笑着说。

"这不会打扰我什么。我喜欢太空飞行。"

"你享受和我们任何一个人飞行吗？"一个闪烁的目光望向我这边。

呃。

"……和某些人相比，其他人可能更享受。"

我拿了一箱酒，感受到他绿色的眼睛盯着我的背后，非常不优雅地被狭窄的木楼梯绊了一下。

一月末，这个夏天第二辆、也是最后一辆载货履带越野车到来了。不久最后一批夏季成员也将乘飞机离开。这次履带越野车又运来了燃料、无数的食物、不同实验用的设备，以及我们的个人包裹。我们又一次站在白茫茫地雪地上，看着履带越野车从地平线的另一端出现。在他们后面的雪橇上牵拉着一个又一个集装箱。每个驾驶舱里面都有一张友善微笑的脸。其中有一个可以维持零上4摄氏度的恒温集装箱，是给我们装行李用的。当所有的物品被拿进科考站以后，每个人都开始检查自己的包裹有没有被冻坏。在路上，一辆履带越野车一度陷入风暴，其中的箱子都进了雪。我不安地查验，经过这样的长途奔袭之后，我的电子琴是否还能完好无损。在成员们的包裹里，除了电子琴，还有三把吉他、一把尤克里里、一把手风琴和一把口琴，这将是一个音乐之冬。

140

在回去的路上，履带越野车带走的只有我们的垃圾。大部分垃圾到达海岸线以后会被船只带到澳大利亚，然后再打包运到法国进行循环利用。从垃圾的产生到最后的处理可能要花费两年的时间。因此我们要特别注意尽量减少垃圾的产生，也尽量正确将其分类。为了减少垃圾的量，康科迪亚站有一个厨余垃圾降解设备：消化器（Digester），它内部是一个能够转动的大桶，所有的有机垃圾都会在里面变成棕色的、有味道的一坨东西。那种味道有一种独特的魅力，总是能让我想起暴雨后森林的味道。也许是因为这个"白色火星"实在没有什么其他的味道，所以我才觉得这种味道吸引人。

141

一阵咳嗽声打断了我的思绪。我的目光从冒着热气的茶杯上挪开，发现希普利亚已经坐在我旁边了。

"跟我说说你的夏天吧。"

他坐在那看着我已经多久了？我喝了一口茶，脸色发生了一点变化。

"你知道吗，甘菊茶 1999 年就过期了。我们有很多，不知道为什么。只要用足够多的茶包，味道还是不错的。"

我又喝了几口茶。希普利亚忽略了我的评论，礼貌地微笑着。

"我在迪蒙·迪维尔站和娜塔莉聊了聊。"

"是的，她从那儿给我发了邮件，说她会跟你谈谈。"

这时候，一个人穿着黑色套装来到起居室，另一个人穿着套装也进来了，嘴里还哼着《啊，朋友再见》的歌曲。

我想，他应该已经通过和我的督导娜塔莉的对话得知了所有的夏季故事，于是我就放心地对他讲述了那些冲突、混乱的情况、人们无缘无故地对别人大吼、作为为数不多的女性成员的感受等等。我向他表明了我的担忧，有些成员在冬天也不会改变自己的行为方式。我更希望，希普利亚把我的话当作一面之词。他很耐心地倾听着，我这时开始想，如果不是这些，那娜塔莉到底对他说了什么。

"我很抱歉，你不得不经历这些事情。我多希望，我能早点来。" 142

"你很好，但这些都是我的混乱。"

"我们是一个团队，我们应该互相支持。"

我忽然明确地感到，我们有多么需要希普利亚这样的人。这种人不会说"别生气"，像我以前无数次经历的那样。他的优点在于不让人感到压力，如果我已经生气了，那么建议就没什么用了。希普利亚一直在积极地寻找解决方案和改善建议。在冬季团队里有这样一个人真让人安心。

我想起了一周前的一个晚上，几个冰川学家坐在欧洲南极冰芯项目（European Project for Ice Coring in Antarctica, EPICA）帐篷里做薄饼。其中一个人有着浓密的须发，他在南极度过的夏天比他在欧洲度过的冬天都多。他坐在我旁边，用英语对我说：

"你将越冬。"

我点点头，嘴里还塞满了杏仁酱。他继续说道：

"过去这些年可以看到很多事。有的人，入冬时还充满热情。一年后，当冬天过去时，就像僵尸一样，只有自己的影子了。人们忍不住要问，在这些黑暗的月份里，康科迪亚站到底发生了什么。"他捋了捋胡子。这些年的经历让他的脸上爬满了皱纹。"南极对我们每个人的影响都很大。在夏天尚且如此，在冬天尤甚。

不要预期其他人都像正常人一样举止，你自己也不例外。"

说到这，他小心翼翼地站起来，走到人群里去了。过了一会儿，我就开始问自己，是不是我自己幻想出的这个人。南极的夏天已经把我改变了。在我到达这里之前，我是一个非常有耐心的人，现在我越来越容易被不起眼的小事儿刺激到。在这里要看到非南极语境的事物是非常困难的，因此也很难从外部的视角反观自己，始终记得这一点是至关重要的。南极总是和最高级相联系：不只是气温，还有我们的情绪、反应都处在比较极端的状态。我们只是会观察到其他人的变化，但这种变化当然也涉及我们自身，包括我在内。我站起来，想要对他充满智慧的话表示感谢，但是我已经找不到他了。

"企鹅！"希普利亚忽然热情地跳起来，把我带回了当下。"能让我们高兴的事儿，是看企鹅的影像！"

在冰川实验室，他匆忙地挪开了电脑上的几本书，把它们放到抽屉里。但我还是看到了最上面那本书的名字：《傻瓜领导》（*Leadership für Dummies*）。我忍不住笑了出来。希普利亚的表情一直很严肃，我忍住没有做任何愚蠢的评价。

确实，几乎没有什么比看阿德利企鹅（Adélie-Pinguinen）的影片更好的事情了。希普利亚在迪蒙·迪维尔站花费了一周的时间等待航班，那里就位于阿德利企鹅的生存地。因此，他拍了很多这种小而活跃的企鹅的影像。我惊讶地发现，我已经很久没有这样笑过了。现在，冬天可以来了。

这天是2月4日，第二天，入冬前的最后一次航班就要起飞了。

第七章　孤身一人

"保持冷静，但不要冷漠。"

——奶酪包装纸上的指引。

二月的第一个周二，我的闹钟五点钟就已经响了。更准确地说，是鸟鸣声的闹铃响了。我的房间沉浸在日出的红色光芒里。我们每一个成员都从欧洲航天局得到了一个阳光鸟鸣闹钟。它唯一的作用就是让我们不必太过于想念鸟鸣。然而副作用是，当电影中出现这种声响时，我们会吓一跳。我不是爱早起的人。

我在淋浴间碰到了柯林。她睡过头了，正在和梳子战斗。男浴室里也有几个人站在镜子前，试图再次让自己像个文明世界的人。这是冬季来临前的早晨。今天，最后一批夏季队员就要离开了。几个小时之后，科考站将只剩下我们13个人。

天气只有早晨比较好，科考站里洋溢着一种慌乱的气氛。在两座塔之间的廊桥上，同事们似乎毫无选择地跑来跑去。我认为，比起梳子，一杯咖啡可能更容易让我像个文明人，于是我爬

走向厨房去。我碰到了厨师马可·S，他正在为即将离开的20名同事准备午餐包。

"我很高兴，这种压力终于要过去了。"

他一只手递给我一杯咖啡，另一只手拎着十个午餐包。我心想压力或许才刚刚开始，然后走向出口的方向。我顶住沉重的大

门，耀眼的阳光迎面而来。远处的飞机已经准备就绪，等待着即将离开这里的人们。

看到夏季组最后一拨儿员工离开，我们没有一个人感到悲伤。过去两个半月，这里充满了矛盾和混乱，尽管中间也穿插着一些美好的时刻，但我们一致认为：科考站即将迎来属于我们的时刻。我们拥抱了那些即将离开的人。飞行员看到天上的云层正在靠近，于是急忙起飞了。这些夏季员工乘坐巴斯勒飞机离开。飞机在跑道上开始滑行，然后起飞，我们 12 个人站在地面上向他们招手（马里奥坐在广播室和飞行员保持通信）。

然而，这并不是最后一班飞机：两天后又来了一班，并给我们带来了两吨新鲜食物。这两位飞行员是我们接下来九个半月中能看到的最后两张陌生面孔。难以想象。

我们一起搬下了这趟飞机上的货物。然后久久地站在跑道边，望着飞机向北离开的影子。冰穹 C 即将进入静止状态。我们来到起居室一起喝茶，留下的 13 个人都来了。我们不安地对着彼此微笑。

如今，我们的地球上已经很少有与世隔绝的地方了，康科迪亚站是其中之一。四周数千米都是冰雪荒原，我们长达数月无法离开。无论发生了什么，我们都得靠自己。无论发生什么，都没有人会来营救我们。

回到实验室以后，四周忽然一片寂静。这种差异非常明显。没有滑雪车在窗前来来回回。没有人在走廊上走来走去。隔壁房间里也没有大声的对话。现在还是早上，每个人都在进行自己的工作。我正在处理我的血液样本。我很开心，因为现在的康科迪

146

亚站终于属于我们了。冬天已然来到。

一开始的几天非常和谐。每个人都忙于好好地完成自己的任务，试图借此证明在没有夏季队员的支持时，我们自己也能行。马可·S会在做饭时哼歌，马里奥则自己独享广播室并因此深感放松，雷米和弗洛伦廷非常活跃，柯林在吃饭时说个不停，希普利亚和我则制定了高强度的健身计划，马可将练习瑜伽的频次提升到每天两次，菲利普有点沉默，莫雷诺告诉希普利亚将搬到广播室隔壁办公，不再和他公用办公室。

这时已经可以看出，南极生活的某些方面让一些人难以适应。在地球最南端的大陆和在欧洲毫无差别的是，这里很快会形成一个迷你社会，人们无法从中脱身。具体而言就是，我们下了班没法回家，而是直接进入旁边的房间，和同事们一起吃饭，一起度过晚上，共用浴室，第二天早上又要见到彼此，然后和他们再重复地度过一天。这种生活要持续一年。人们总是希望被他人迷恋，于是嫉妒的情绪正在滋长并酝酿着潜在的危险：毕竟，欲望的对象就在眼前。人们无法从中逃脱。当夏季的同事们离开以后，谣言工厂却依然在运转。我的几个同事抱着极大的热情仍然在添油加醋。

一开始有很多组织性的工作。我们第一周例会上决定，每两周将举办一次语言课程。我们将自己的母语教给彼此，法语、意大利语或者英语。菲利普和希普利亚很愿意学习德语。基本上大家对语言课的热情是很高涨的。我很高兴，我此时已经发现，大部分的冲突是语言障碍引起的。我们越是能够理解对方，我们共居生活的问题就越少。希望大家的热诚能够持续尽可能长的时间。我的夏季生活已经证明，在缺氧环境下学习外语比一般情况下要困难很多。

每天有两个人负责在餐后清理盘子。每周有一个两人小组负责清理地板。我们的站长制定了这个规则。医生阿尔伯特主动承担了清理浴室的任务，条件是获得更多使用联网电脑的时间。我们也很高兴，但我忍不住自问，这种协议能持续多久。办公室和卧室的卫生由个人自己负责。卧室尤其是棘手的问题：有一条潜规则，不要进入别人的卧室。卧室是我们拥有的唯一私人空间。每个人都有自己的小秘密。如果我们关上门，我们就向整个世界关上了自我。有时最要紧最必要的就是保持理智。

148

"请不要赤裸上身！"这个愿望引起了哄堂大笑。为了拍摄第一张官方集体照，我们爬到了康科迪亚站的屋顶。然而这个请求完全合理：在大部分夏季的室外合照中，总有人在按下快门前，迅速地把T恤从身上脱掉，出于各种各样的或许有关睾丸酮的理由。1月1日时，我们在阳光下照了一张新年合照，当时就发生了这样的事。在第一排正中间，马可笑容灿烂，带着牛仔帽，光着膀子。

"很棒的照片"，当时来自意大利的极地研究的媒体负责人评价说："可惜不太像南极。你们不冷吗？"

实话实说，当时并不是很冷，那是一年中最暖和的季节，大概有零下24摄氏度左右。今天显然冷得多，大家都把T恤穿上了。

还在夏天的时候，天文学家马可的摄影天赋就得到了证实。他的镜头就占据了行李的一半（据目前观察，另一半主要由瑜伽裤组成）。这一年中，绝大部分的令人惊叹的星空和肖像照片，都出自马可之手。

马可走在螺旋式楼梯的最前面，他先上去准备相机，我们跟在他的身后。这个楼梯的最后几步必须用爬行的方式完成。我们站在康科迪亚站的房顶了。开始排队时，雷米高呼一声"极地英雄！"，同时把毛衣脱了下来。至少，他还穿着 T 恤。为什么不呢？我想了一下，然后也把毛衣和手套脱了。我旁边的希普利亚也做了同样的举动。我们直挺挺地站了 20 秒钟，拍摄了三张照片。我明显感到自己越来越冷，笑容也慢慢冻僵了。马可说准备拍摄的时候，雷米立刻高喊一声开启暗门。希普利亚、马可和我紧接着就脱下了毛衣，现在我们感觉已经冻僵了。我们拥抱着用以取暖，温度计显示，当时的气温是零下 60 摄氏度。

"我们再也不这么干了！"

回头看来，我们很快就忘记了此刻的决心。

我眼中的天空逐渐变成了淡紫色。第一批星星出现了，我躺在雪地上，盯着天空看。几点了？我试图和一个人目光交汇。然而只在我旁边看到了一只紧张颤抖的脚。后面是马里奥的脸，他双目紧闭。寒冷逐渐爬进了我的身体。我们在这里躺了多久了？八分钟还是十分钟？我不知道。雪在我的背下咯吱作响。尽管我的手掌是暖和的，但手指却冰冷无比，屁股和脚趾也是如此。我的雪镜结了冰。我把它推到了额头上。以便能够更好地看天。我后方忽然有人骂了一句："我们他妈的来这做什么？"如果现在有人拍摄一张卫星照片，将会看到非常奇怪的景象：在科考站不远处的雪地上躺着一小群一动不动的人。过了一会儿，我心里产生了一种平和的感觉———一种信念，仿佛我可以永远躺在这。这显然不是什么好主意，而是失温的早期症状。我的左侧，希普利亚的声音响起：

"全体起来！已经十五分钟了！"

我们从这冰冷的坟墓中起身非常困难，仿佛我们已经上了年纪似的。来到附近有暖气的房间以后，我们说起了对彼此的印象。

"还不赖啊"，一个人说道，同时颤抖着将双手伸到暖炉旁边。

"我当时觉得相处很舒服！"，另一个人说道，他的牙齿在打颤，鼻子也蒙了一层白雪。

在雪山平躺其实是一个实验，通过这种方式，我们可以直观地了解到，在这种寒冷中多久会出现生命危险，因此我们在外出时就会更加小心。多长时间会导致人们冻伤且无法独自回到科考站呢？在雪地上躺 15 分钟已经是一个难熬的极限（尽管没有受伤）。在房间里，我们喝了红葡萄酒取暖，但我还是花了很长时间才恢复到半温暖的状态。

1934 年，理查德·E. 伯德在日记中写道：当世界上最后的人类死去时，他们看到的就是这样的景象。他是第一个敢于独自在南极过冬的人。他的科考站在南极海岸线以南 196 千米处，位于罗斯冰架地下。伯德的经历并不简单：在一个暴风雪天，他不小心把自己关在了工作室外面，入口的大门被冻住了。经过非常艰苦的努力，他才又重新进入工作室里，但是等待他的还有其他的危险：他用来取暖的唯一工具是一个炉子，它产生了大量的一氧化碳，以至于伯德逐渐中毒。他知道不能把炉火扑灭，否则他就会冻死。在海岸线附近驻有一支支持他越冬的团队。他们通过摩斯电码保持联系。但他并不想把自己迅速恶化的状况告诉他们。伯德担心在救援的过程中也会出现伤亡。然而，这支队伍很快发现了异常，伯德电码消息中的错误越来越多。由于天气的原因，救援队伍不得不两次折返。直到第三次尝试，他们才成功地来到了伯德的身边并把他带回了海岸线。理查德的日记取了一个非常恰当的名字——《孤身一人》(*Alone*)。他的遭遇与斯科特非常不同：面对压迫性的自然，面对孤独和与世隔绝，他常常"抽噎着躺着地上"。

我完全可以想象到那种场景。

单调的景色是可以导致知觉丧失进而引起抽噎状态的一个因素。三月开始，24 小时的阳光慢慢消失。我们能够感受到夜晚在变长，黑暗将至。气温越来越频繁地下降到零下 70 摄氏度。这时我很确定，队伍的成员们会对此做出完全不同的反应。一种人会觉得什么都很无聊。日常的工作已经成为例行公事，面前的景色总是一成不变。他们的看法并没有错。尽管景色很美，眼睛能够一直远眺也很舒服，但无论如何看到的东西都是一样的。目光所及之处都是永恒的白雪，但是地平线看起来离我们并不远，这是因为我们站在高原上一个平坦的高峰处。这里没有树，没有山，没有企鹅，没有任何能够打破这种单调的东西。伯德在他的日记写下"当世界上最后的人类死去时，他们看到的就是这样的景象"，当时他应该看到了相似的景致。戏剧性的事儿从未缺席。包围我们的冰原越是如此的广袤空旷，这里居民的情绪就越是紧张，好情绪和坏情绪都很极致。我们团队中的任何人都无法掩饰。我们全都陷入感知丧失的状态，尽管我们并不自知。

而在这种千篇一律的单调中，我也找到了一些精细的差别。

2月11日，当太阳第一次落山的时候，景致发生了巨大的变化。原本一直保持蓝色的天空变成了各种各样的颜色。先是变成冰雪般的白色，然后又变成火海般的绯红，雪地也被染成了粉色。三月份，天空呈现出淡红色，然后变成深紫色，冰原变成深蓝色。这时每天的黎明和晚霞相接，预示着长夜的到来。冬天，南极的天空会被云层遮盖，这时候如果望向窗外，我们就仿佛置身在水下一般：雪地和天空连成一片。一切都笼罩着相似的、鬼魅般的蓝色光芒，至少没有鱼儿游过。每天还都上演着不同的颜色游戏，同时每天都有新的印象，每天也都能够发现新的美。

另外一个因素已经成为一种习惯：几个月前，我们就每天面对着同样的12个人了。我们了解了每个人的笑料、轶事及童年回忆。我能猜到谁会在什么时候起身，知道谁喜欢五分熟的牛排，谁在哪个时间会用哪个洗手间，谁想念他的妻子、谁不想，谁在什么时间和哪个人聊天（大部分时候还知道内容），即使在卧室区，墙壁也很薄。有趣的是，在自己的房间里站着几乎无法听到隔壁房间的任何声响，但是如果在楼梯间和走廊，就可以清晰地听见里面的人在说什么。康科迪亚站没有秘密。

153

对于很多同事来说，在团队里找到自己的新角色并不容易。几个年长的人在欧洲都有自己的团队。他们习惯了给他人建议，甚至发布命令，而且会得到其团队的尊重，但在康科迪亚站，无论是23岁的冰川学家还是53岁的技术人员，一切都得从零开始。我们首先要得到同事们的尊重，有的人会发现，这件事比想象来得复杂，但这也是非常有趣的一件事，如果不是在南极，有什么机会让如此不同的人坐在一张桌子上呢？三种文化，四种语言，三十年的年龄差距——年轻的厨师和年长的医生在相互打趣，对面的意大利物理学家正在和法国水管工人讨论问题。

我们同时也学会了珍惜团队成员的优点。当有人需要帮助时，菲利普永远是第一个自告奋勇的人。他似乎对一切都感兴趣，喜欢看雷米、弗洛伦廷和我的工作。他不是一个敏感的人，总是能以出人意料的方式登场。在冬天，大家通常都知道他去哪儿了，每次去工作时都带着大声的抱怨和哀叹。我经常和菲利普待在一起，以便学习意大利语。他的耐心一次又一次地让我震惊。

和菲利普一样，希普利亚何时去找谁，大家也都心知肚明。一方面是因为他的脚步总是强劲有力，另一方面是每当他在一面墙附近走动时，墙上的玻璃制品也会晃来晃去发出声响。他很快适应了站长的角色。

"我在这完成了一次领导力的闪电课程"，有一天晚上他对我说："我想起了《傻瓜领导》那本书"，并忍不住发笑。由于他年纪较小，选择他当站长一度引起了部分成员的不满，但我很高兴是他带领我们度过漫长的黑夜，而非其他人。

马可·S是一个难以捉摸的人，人们总是无法猜到他接下来会做什么；马可和希普利亚一样是很善于倾听的人。他们吃饭时会把刀叉放到一边，专心听我讲话，仿佛无论我说什么，都值得他们先听完再吃饭，食物变凉也在所不惜。

　　不同成员之间产生友情的方式也大有不同。马可·S 和莫雷诺是特别好的对话伙伴，经常一起讲有趣的故事。莫雷诺很善解人意，常常陷入沉思。他有着特别明确的"正义感"，在夏天的时候我就经常听到他说"我们必须说出来"，因为他听说有人在传播关于我的谣言，于是向我发出警示，显然比我还关心自己的"名声"。

　　我同样很快喜欢上和阿尔伯特的交往。他有一种令人惊异的宁静，和莫雷诺有点相似，他也很有正义感。他千奇百怪的笑声也会给人留下深刻的印象。他有时候会发出声音很大的、隆隆的笑声。这种笑声会感染整个房间里的人，无论其他人是否听懂了笑话的内容。当他因有些意想不到的事情感到开心时，又会在很高的音调上发出咯咯的笑声。阿尔伯特为了加强团建，组织了很多次"龙与地下城之夜"。这是一种角色扮演游戏，为此他必须提前很多天设计探险任务，然后由我们整个团队一起完成探险。　155

　　二月的一个夜里，希普利亚和我在凌晨三点时离开了科考站。尽管太阳并没有挂在正中点，但是也仍然高悬在天空之上。

　　"在金属锻造室有焊接头盔"，我睡意蒙眬地嘟囔，于是我们就踏上了前往那里的路。我们通过一个像车库门的入口，来到了锻造室。这个大房间比周围的环境要暖和一点。

　　"夏天会有技术人员在这工作"，我向这位从未进入过集装箱的成员解释。我从长凳上拿起两个头盔，继续说："其中有一个人，教会了我如何焊接。"

　　"很好"，希普利亚说着伸出一只手来拿头盔。

　　当我们重新站在门口时，我们发现了不远处的马可和雅克。

他们一个手里拿着相机，一个手里则拿着一块玻璃。我们走到他们面前，带上头盔。很快，冰原的光线变暗了一点。我抬起头看着太阳，我们的策略生效了：我完全可以直接看着太阳，观察它如何慢慢地被月亮遮盖。我的头盔有一股烟味，仿佛有人在里面储藏过泥炭似的。在半夜观测日食有点奇怪。更奇怪的是，我们没找到合适的眼镜，头盔和南极套装的组合让我们看起来有点像钢铁侠。

隔离生活的另一个特征在此也逐渐形成了。一些在日常生活中微不足道的习惯在科考站里会变成一出大戏。例如有人总是在自己的实验室里放好吃的饼干。我觉得这个举动的目的是吸引其他同事前来并在那里坐上一整天。事实上，他的计划是有效的，至少对我来说如此。出于相似的原因，我的实验室里放了一个烧水壶，令人惊讶的是，这同样吸引了很多前来拜访的人（尽管他们还是首先选择那个有饼干的同事）。另一个同事则会拿走最后的果汁和茶包，而不去取补给。还有的同事在离开某个房间时不关灯。更有甚者会在进入一个房间时一下子把全部的灯打开，因此会收获我们这群适应了黑暗的吸血鬼的尖叫。有一小群人，每次吃饭总是迟到，因为他们来之前先要喝上一点开胃酒。这些事都算不上什么悲剧，可是一旦累计起来，经过足够多次的重复之后，任何一个小毛病都可能会引发一场大冲突，只不过是谁先爆发的问题。

我发现我自己越来越小心，也越来越注意自己的行为。会不会有人因为我刚刚的行为发火呢？答案通常都是：会的。随着时间的发展，我也慢慢发现了会困扰我的事情：我常常被饥饿驱使着早早地准备好吃午饭，于是就看到我们的厨师因为别人迟到而激动的样子。尽管我们有一个值日表，规定了每天有两个人负责厨房事宜，但是铺桌子的永远是同样的三个人。值日表也规定了每天刷碗的人，但大部分人也总是帮忙刷碗，以便能够更快完成。同时也可以发现，是谁吃完饭就立刻舒舒服服地坐在了沙发上。

不过，面对这种爆发点，我们每个人的感受都有所不同。三月底的一个晚上，我在日记里写下："人们不能对真理寄予过高期待。"至少不是每个人如此，至少在这种极端的环境下不该如此。我的一位同事在这一天似乎非常慌乱。一开始他还比较友善：周六或许应该有一次特别晚餐，可以做点什么呢？烤软干酪。我边思考边低声说，"给那些不喜欢奶酪的人做点什么呢。"这一句话已经足够引起强硬的回复了。

"完全随意"，他回答道，"不爱吃的人就吃点上周剩下的东西。要不就每个人都吃剩饭。"

我想，至少有两个意大利人是不吃软干酪的，此外还要考虑我们血脂的情况。我漫不经心地接话说："在整个南极也没有足够的乳糖酶药片来应对软干酪造成的消化问题。"这句话造成了更严重的爆发。

"你是不是觉得，你自己特别特别完美？"一个咆哮的声音响彻了整个房间，接着又说了几句骂人的话，我一时半会儿都无法忘记。他内心淤积很久的怒火爆发了，又开始毫无理智地侮辱下一个人。其他在场的同事惊慌失措，尴尬地看着彼此，时不时试图打断这场独白，以便使这场咒骂朝着有意义的方向扭转。很有

157

趣，软干酪居然能引发这一切。

因为一点小事就向他人吼叫这种情况的出现就是我们被隔离状态折磨我们之后的第一个表现。还在夏天的时候，我们就能从几位同事身上看到其冬季行为的前兆。美国航天局顾问杰克·斯图斯特（Jack Stuster）在其关于人类在极端环境下的行为方式的书中表示："以前的行为就是未来行为的最佳指示器。"在冬天刚开始的时候，这些行为方式就得到了证实。有的人像软干酪同事一样变得很有攻击性。其他人则开始回避，出现抑郁情绪的倾向，或者情绪起伏较大。当人们被一个如此咆哮的人中伤却不能跟他说你的行为就像个傻瓜时，是非常令人沮丧的一件事。除了群体动力学和保持站内和平之外，还有一个理由能让我保持专业性的友好：任何人都有权因个人原因退出我的实验，这件事始终如同一把达摩克利斯之剑（Damoklesschwert）悬在我的头上。

每个人都经历了一个个人版本的南极之冬。每个人都在发生的事情背后认识到自己的真实。如果我们每一个人都写一本书，那么这些书会很不一样。也许事实并不像我认为的那样具有相对性。也许我们描绘出的这些不同的版本，只不过是让我们熬过冬天的手段。我们在孤独的情况下变得越来越以自我为中心，但这能说明什么呢？如果我们看到的事实能够帮助我们保持身心健康，那其他的事情还重要吗？

三月里还发生了其他有趣的事情：天气越来越冷，在毫无防备的情况下，我们感受到了不同身体部位冻僵的感觉。三月初，我有一天午饭后出了科考站去检查锻造室里急救雪橇的情况。我们的融雪车、滑雪车和一些技术设备也储存在那里。所有其他的交通工具在夏天结束的时候都被装进了一个地下储藏室。那里的温度恒定在零下 50 摄氏度左右。通往这个储藏室的大门在冬天会被大雪封住，我们进不去。有一个滑雪车放在锻造室门口。只有在真正的营救行动中，我们才能使用它来拖拽（自己造的）急救雪橇。然而，滑雪车在冬天是否能用还是个问题。即使是在夏天，滑雪车也不能一直不通电地放在那里，否则可能无法发动。发动机在零下 42 摄氏度以上通常没有问题，温度更低时可能就无法运转了。如果可能的话，在冬天里需要急救的时候，我们会先启动它然后开到事故地点去。如果它能够开到那里，我们就轮流驾驶，直到找到伤员并运回科考站。我计划为我的救援团队组织一次雪橇练习（不用滑雪车）。我们必须为任何情况做好准备。经过进一步考察，我发现并不是所有的东西都合适：拉雪橇的绳子太短了，马枪不见了。我把整个锻造室翻遍了也没找到这两样东西。我莫名其妙地站在雪橇前。设备去哪儿了呢？谁会用到它们呢？谁会拿走救援设备？被偷了？东方站的俄罗斯间谍？对我来说，这个答案总比是自己团队里的人好。

　　由于这场急匆匆地寻找，我的呼吸变得很急促。我站在锻造室中间，环视了一圈，目光落在了柜子上。我又进行了一次徒劳无功地寻找。绳子不在这。活动让我暖和起来。停下来后则明显感到寒冷又重新袭击了我的四肢。尽管这个房间有采暖设备，但也只有零度左右。我呼出的气体还飘在刚刚停留过的地方。该走了。我又绕了一圈，然后才回到科考站。我必须想办法弄到新绳子。在科考站前面，我走过一字排开的集装箱，盘点里面储备的珍品：蔬菜、血样、雪样、果汁、鱼肉、纸质废品（说它珍贵可

160

139

能有点夸张）、铁锹、电线、生物垃圾、绳子。绳子！

打开集装箱的门并非易事。一卷卷绳子堆在里面。我拿出一卷，试图解开。绳子已经冻住了，即使用特殊的刀具也很难切下一小块。我的手指已经冻麻了。我在绳子周围切来切去，终于切下了几米拿在手里。我迅速关上了集装箱的门。我手里握着的金属插销格外冰冷，但不关门并不可行。只需要几个小时大风就会把雪灌满整个集装箱。我们的果汁集装箱已经关不上门了，因此我们只能每次在雪中去拿维他命果汁，这可不是什么好玩儿的事儿。相比之下，我们还是更倾向于选择喝水。我在爬科考站门口的楼梯时，已经感觉不到自己的手了，好在用来开门的栓足够大，用胳膊肘也能打开。

进来后我立刻穿过走廊，把已经冻得发紫的双手放在热水管旁。有趣的事情出现了：这次挨冻最坏的结果并不是手指疼，而是胸腔里出现的反应。也许是心脏忽然涌入四肢回流的冰冷的血液造成的，热水管也毫无助益。我踉跄地朝淋浴间走去。楼下的淋浴间刚刚被打扫过，但地面还是湿的。于是我爬上二楼。这种情况下还能考虑到打扫卫生的同事的心情，我为自己感到骄傲。我把双手拿到洗手盆的水流下，水龙头开关被拧到冷水的一侧，但我的手还是感觉很暖和。这时候，双手的疼痛逐渐消失了。我想要大喊、咒骂、痛哭、在地上打滚——这组合并不现实。洗手盆被某个冷漠的人调节得太高了，我无法在躺下的同时还保持手在水流下面。然而，大喊和骂人是可以实现的。我发誓下次尽量少出门。为什么要出去？我已经知道外面是什么样子了！我脑子里的声音喊出了"下次多带几副手套！！！"这种话。我气愤地想

161

起一周前还有人说到，穿着猛犸毛套装和一副化学手套就可以轻松地出门。我接下来的咒骂是针对这位友好的同事的。他此刻可能正带着高傲的笑容在法国某个阳台上享受着春天的微风。每次冻伤都会造成症状的加重。皮肤和神经也会发生变化。我看了一眼温度计，今天气温达到了令人难受的零下 64 摄氏度，在风的加持下体感温度为零下 82 摄氏度，但外面依旧艳阳高照。外面的光线真好，我想，疼痛逐渐褪去，我的大脑一片空白，这是一种独特的气氛。我应该短暂地去外面走走，拍点照片。你看，冻伤带来的学习效果非常之好。

162

1961 年，在苏联的新拉扎列夫（Nowolasarewskaja）站，雷奥尼德·罗格佐夫（Leonid Rogosow）确诊了阑尾炎。罗格佐夫是该站当时唯一的越冬医生。他认为自己的阑尾即将穿孔，面临着生命危险。于是这位 27 岁的医生决定，自己给自己做手术。他的三位同事在他面前放了一个镜子并负责给他递手术工具，以便他能够更好地观察伤情。另一个同事负责肾上腺素注射器和除颤器，一旦罗格佐夫或其他在场同事出现虚脱症状，可以立即施救。镜子没有起到太大的作用，他摘下了手套，凭感觉完成了手术。尽管他对南极产生了反感，但他活了下来并作为民族英雄返回了苏联。人们常常将他与尤里·加加林（Juri Gagarin）相提并论。就在罗格佐夫做手术的几天前，加加林成为了第一个飞向太空的人。

阑尾炎很难避免（或许也有办法，比如澳大利亚科考站就要求越冬组成员在进驻南极之前先把阑尾割掉。），我们会尽量为可能发生的意外情况做好准备。在我们隔离的九个月期间，我们必须处理一切情况。如同之前说过的那样：没有任何疏散救援的可能性。但对于那些位于海岸线的科考站来说这其实是有可能的：麦克默多站就会时不时撤离一些人员。数年前，在南极阿蒙森—斯科特站曾有过一班飞机成功抵达，这使得英国哈雷站的人被顺利救起，然而他为此等待了三周的时间。康科迪亚站在冬天是完全不可能到达的。准确来说，我们的隔绝程度甚至高于国际空间站。如果国际空间站上有人得了心肌梗死，还有可能在几个小时内达到地球上的医院。如果在康科迪亚站发生这种事，只能靠我和阿尔伯特尽力而为了。我们的病人只有在 11 月才能见到医院。我们和文明世界的距离比国际空间站的宇航员还远：他们在距离地球 400 千米处转动，而我们和东方站相距 600 千米、和南极海岸线相距 1100 千米。

我们在夏季组建了消防队、医疗队和急救队后，训练一直在持续。

三月的某一天，我正在组织第二天下午的训练。我想要知道一旦有人在户外脚部受伤，将病人运送到病床上一共需要多长时间。我认为，马可·S 扮演伤员尤其合适。我们的厨师非常兴奋：

"好主意！我在夏季营地受伤了。我愿意充当这个角色。"

他用铲子向我致意，汤汁飞的满厨房都是。

"等等……那里储存了很多很重的箱子，我可以说这些箱子砸到我了。或者，也许这样更好，我可以真的用一个箱子砸自己一下，这样整件事就会更加真实！"

他笑得充满热情。我弯腰躲过了飞来的汤汁，并花了十分钟的时间向他解释，他不必真的受伤。为了确保安全，我请希普利亚一直陪着他。

　　在伤员第一次紧急呼救后，马里奥通过无线电和科考站内部的扩音器通知：医疗队进入手术室待命，急救队到科考站入口处救人。一切很快就绪（如同此前所说，康科迪亚站没有秘密，即将进行演习的消息总会通过某种方式走漏风声，即便我们官方要求保密）。急救队在锻造间拿取了雪橇。这次演习我们没有使用滑雪车，而是使用了雪橇和担架。于是我们赶往夏季营地，马可·S已经完全沉浸于自己的角色，非常戏剧化地跟我们打招呼。

164

　　这次演习进行顺利，但我们需要很长的时间：当马可·S安稳地躺在担架上时，一个小时已经过去了。这个时间对于紧急情况来说太久了，特别是在南极这样的气温条件下。

　　几天之后，我就确信这次演习的消息被提前泄露了。吃午饭时，安德烈忽然说，有没有人看到工具人。夏季时我们曾在美国塔举行过救援演习。在稍晚时，希普利亚问我是否打算明天进行联盟号驾驶实验（这项工作不应中断）。我的直觉告诉我，其中有点蹊跷。

　　"你们打算明天进行消防演习吗？"

　　"谁告诉你的？"

　　"你。刚刚说的。"

　　火灾是南极科考站可能发生的最大灾难。因此，消防演习也得到了最大的重视。报警声响亮而急迫，每一层都有一个小屏幕，可以显示起火的具体点位。报警通常由厨房的油烟引起，全体成员会毫不犹豫地冲进走廊，我们通常来不及穿好衣服。我们的厨师还没来得及通知大家今天的火灾系由意面酱引起的时候，

165

我已经拿着担架来到了他面前。菲利普由于没听到解除警报的消息，于是晚一点自己穿着全套消防装备来到了厨房，正好看见一大堆牛排下锅。

在这些演练的过程中，每个人都有明确的任务。核心人员是马里奥、雅克、弗洛伦廷和菲利普。他们是负责扑灭着火点和营救被困人员的消防员。柯林和马可·S负责帮助他们穿上消防服，然后再带着氧气瓶赶赴现场。雷米负责记录消防人员到达现场的时间，希普利亚负责通过无线电的两个频道进行协调，我带着担架和急救包在火场外待命。其他所有有空闲时间的人帮忙抬伤员担架。即使伤员是一个假人，在狭窄的过道和楼梯上，用担架转运伤员也是一个挑战。阿尔伯特则一直在病床边上等待病人的到来并负责继续照顾病人。

在欧洲的春季，我们几个每天都通过Skype*和意大利的学生们聊天。他们很幸运，有机会和极地的研究人员对话，因此他们也做了充分的准备。通常对话都在每周的工作开始之前进行。学校的老师们也因和我们对话而感到兴奋，但对我们来说，这个过程很快就变成了例行公事。我们会事先得到问题，然后做好准备。大部分时候问题都是相似的，因此我们的答案也很相似。这倒是很有利于提高我的意大利语水平。有几位同事的回答越来越流畅和具有戏剧性，另一些则对这些冗长的对话越来越不耐烦。一部分人能够始终热情地谈论我们的工作。阿尔伯特在Skype上总是很光彩，他能够非常流利地讲述南极合约的内容。我试图参

---

* 一款即时通讯软件。——译者注

与每次 Skype 会议，一方面是代表科考站的女性员工，另一方面则总是期待有一两个问题可以问到欧洲航天局。除此之外，当学生们喊我"普斯尼西博士"时，我总是感觉很酷。

暑假开始以后，和学校的 Skype 会议也随之结束，但康科迪亚站的公共宣传却没有停下：马可因为精湛的拍照技术在欧洲收获了一批粉丝。此外，他还是一系列 Python 编程会议的联合发起人之一。当我意识到 Python 不是蟒蛇，而是一种编程语言时，我试图掩盖自己开始时的失望情绪。按照重要性由低到高的顺序，我们被邀请参加所有的 Python 会议：Python 意大利会议，Python 欧洲会议，Python 撒丁岛会议。莫雷诺笑道，康科迪亚站的女性占比都比 Python 会议上高。我看了一眼发现确实如此。我们还和科幻迷进行 Skype 会议：Deepcon，一个意大利科幻大会，其中四分之一的受众似乎由一个同事的各种朋友化装而成。

此外，很多电视台会进行直播采访，其中包括一家法国电视台，我们必须提前几天准备答案，以便在采访前一晚告知采访顺序，因为他们只想采访三个人，"否则就太多了"。我们中的其他人可以坐在沙发上。意大利人和我感到放松，而非失望。厨师被选中了。那一整天他都拿着一张纸条走来走去，上面记录着问题的法语答案：我们如何获得食物储备。采访中，主持人又追问了一个事先没有提到的问题：我们储备了多少意大利面？麦克风又递给了马可。屋里和监视器里所有人的目光都盯着他。所有人都在等待他的答案，直到他犹犹豫豫地说：

"嗯……十个？"

这个笑料持续了好几周。

"我当时想说'一整座山'的，但我不知道法语怎么说……十是我唯一喜欢的数字"，他笑着和我解释道。

由于一些不可理解的理由，我们还做客了意大利的脱口秀节目。节目似乎主要谈论政治。主持人对观众解释道，康科迪亚站是一座位于南极的科考站，驻站人员主要是意大利人，还有几名法国人和一名为欧洲航天局工作的俄罗斯人。我斜眼盯着她看。马可吃惊地拿过麦克风，试图告诉主持人我是奥地利人。主持人看起来毫不在意，似乎奥地利人和俄罗斯人差不多。都是意大利北边的某个地方。团队中的意大利成员有的笑出了声声，有的无奈地摇摇头。

这个俄罗斯人的笑话也贯穿了整个越冬期间。第二天一早，阿尔伯特就用"Priwét"*跟我打招呼。莫雷诺开玩笑地问我是不是东方站派来的间谍。有几个人学会了简单的俄语会话，"以便能够和我聊天"，接下来的周六里总是有很多俄语祝酒词出现。

经过很多次 Skype 会议以后，我有了一个主意，我们也可以组织一次，由我们负责提问。以前有个成员曾经和国际空间站的宇航员对过话，这成为我们所有人的动力，只是目前并没有欧洲航天局的航天员在国际空间站。我实在没有耐心等到欧洲时间的早上，于是自己来到联网的电脑查询，一个小时后终于找到了一个名字：亚历山大·格斯特（Alexander Gerst）将在六月进驻国际太空站，此后将任指挥官，他甚至还在南极度过过一段时间。最迟至这时，我已经下定决心要组织这场活动并给我在欧洲航天

---

* 该词发音类似于俄语中的"你好"。——译者注

局的督导写了一封信。和国际空间站进行一场 Skype 会议是可行的吗？我要怎么进行组织呢？我很快得到了回复：他接受了这个想法，将在他的能力范围内积极配合，协助我组织这场活动。太好了。

"广播，广播，卡门。"

"来吧，卡门。"

"我们去夏季营地的方向散散步。"

"收到。"

散步很适合考虑新想法。今天太阳低悬在地平线上，不远处左右各有一个彩虹般的光斑，一道光将他们连接起来。德语中将幻日现象称为"Sun Dogs"（太阳狗），只有数以千计的小冰晶在天上悬浮并折射阳光时才会出现这种景象。南极的幻日总是格外明亮，这和钻石沙有关——即冰晶组成的云层，冰晶就像飞虫一样聚集在一起，周围的空间因此闪闪发光。

三月初的一个周六上午，我的父母发信息告诉我祖母去世了。她已经生病很久了，但去世仍然是意料之外的事。我感觉这一切很不真实。由于时差的关系，我只能等到下午才能给家人打电话。

"我们打算把网络留给你使用 Skype"，站长说。当他严词制止了一个整天用电脑和妻子视频的同事使用电脑时，我感到非常惊讶。同时，我也因自己无法给欧洲的家人们提供任何帮助而感到沮丧。我只能用转化成像素的语言给予一点点支持。由于卫星位置的变化，视频画面总是会卡在奇怪的位置上，声音也像是从火星那么远的地方传来的一样。

晚上，我的声音哑了。当晚我们吃的是几天前精心策划的菜品，但我完全不知道自己吃了什么。有人调了鸡尾酒，阿尔伯特在餐后把酒分给了大家。我们坐在桌子的一角上，聊天直到深夜。喝到第九轮酒的时候，阿尔伯特把酒杯举得很高，眼神迷离地望着天空。

"干杯！敬所有我们在南极期间或因南极之行而失去的人！"

"敬男朋友和女朋友们！前男友和前女友们！"

"敬所有我们爱的人！"

我们举起酒杯一饮而尽，有的人深受触动，有的人满眼泪光。也许是因为中间有人在鸡尾酒中又加了朗姆酒。

170

"也敬那些让我们在这里学会了爱的人！"，有人补充道，我们又碰了杯，微笑着拥抱彼此，尽管在地球尽头的我们心里有种种情绪，但我们仍然感到幸福。在这一瞬间，康科迪亚站充满和谐。尽管这种和谐不会持续太久，但在这一刻，我们所有人都沉浸在忧伤之中，而南极的空气却充满了温暖。

第八章　日暮

在南极，可以认识一种与文明世界完全不同的人类。

——阿普斯利·谢里-加勒德《全世界最糟糕的旅行》，
1912 年。

171　　　　日照时间与日俱减，四月中旬，每天下午五点钟以后，科考站就会陷入黑暗，但这并不影响景色的美学。在月光的照耀下，雪地变成了紫色；月亮初上时，雪地只会反射出星光的微蓝色。我们已经非常适应周围单调的景致了，即使微小的色彩变化也会引起我们的愉悦。

　　　　我的大部分时间都用来做实验了。每个月被分成两个部分。前两周用来做三个实验的采血工作，剩下的两周则用来进行联盟号驾驶实验，除此之外，每天还要安排一位成员进行实验。

　　　　采血工作需要在早上空腹的状态下进行，即早饭前。

　　　　"你早上什么时候来抽血？"成为了我晚上最常问的问题。一
172　开始，大部分人都会在七点到八点之间来到实验室。由于大家越来越疲倦，抽血的时间也在不断推迟。一般情况下，我需要提前一小时准备，把储藏在科考站外面仓库里的试剂拿出来解冻。我还需要一箱干燥的冰块，以便对采血管进行冷却。方便起见，我通常会直接用南极的雪。我们科考站入口旁边有一个箱子，我会在采血前一晚将所需的东西全部放进去。早上只需要打开门拿进来。这个短暂进入寒冷世界的瞬间会让我急速清醒过来，功能就

图 1：康科迪亚站的两座塔，冬季时，它们整日沐浴在银河的星光之下

图 2：壮丽的荒原：冰穹 C 在陷入黑暗之前的日暮时分。

图3：一架 C-130 大力神运输机将我们从新西兰带到了南极海岸线附近的冰层上，我们在其中度过了震耳欲聋的八个小时。

图4：在温暖的夏季，莫雷诺正在收集雪样。

图 5：救援组拉着受"重伤"的马可从营地返回科考站里的手术室。

图 6：卸载货物是夏季的一个高潮。所有的货物都被储藏在科考站周围的集装箱里。

图 7：大气小屋是冰川学和气象学的外部实验室，距离科考站有 15 分钟的路程。

图 8：一架双水獭飞机停在康科迪亚站前。

图 9：观看最后一次阳光：三个头套、两顶帽子、一副滑雪镜还有一个裸露的用来按快门的手指。

图 10：暮光中的康科迪亚站，零下 67 摄氏度。有人打开了一扇窗户。

图 11：通往廊桥的梯子，上面配有强照灯（用于定位，以防有人在黑暗中迷失方向），还有一个篮筐（在温暖的夏日可以进行团队运动）。

图 12：我们需要定期清理外部实验室和帐篷上的积雪，以防它们消失在雪中。背景中可以看见南极的电线。

图 13：第一次攀登我们自制的攀岩墙，来不及找攀岩鞋了。

图 14：晚上在起居室里放松。

图 15：康科迪亚站的储藏室——这里有一切夜晚嘴馋时需要的东西。左边是酒窖，右边的零下 20 摄氏度的取暖冰箱。

图 16：广播室，左侧是马里奥的工位，右侧的莫雷诺正站在自己的工位前。这里可以进行广播以及监测外部实验室的供电情况。

图 17：二月初，最后一架飞机离开后，廊桥上堆着两吨新鲜食物。四个月后，最后一个苹果也被吃光了。

图 18：越冬团队每日共进晚餐。左起向后依次是：希普利亚、菲利普、雷米、雅克、阿尔伯特、莫雷诺、马里奥、安德烈、马可、柯林、弗洛伦廷和我。

图 19：清早，在欧洲航天局实验室里给希普利亚采了今天的 16 管血。从长长的头发和苍白的面色中可以看出，此时已经是冬天快结束的时候了。

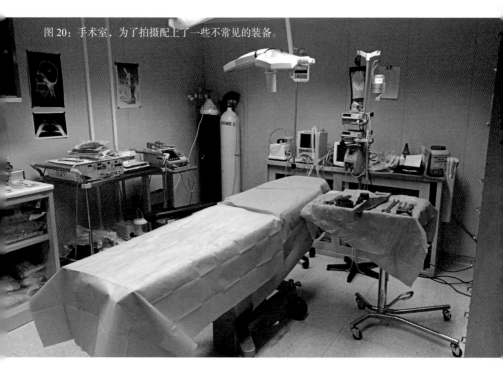

图 20：手术室，为了拍摄配上了一些不常见的装备。

图 21：在欧洲航天局吉祥物的监督下进行每日的血清分离。

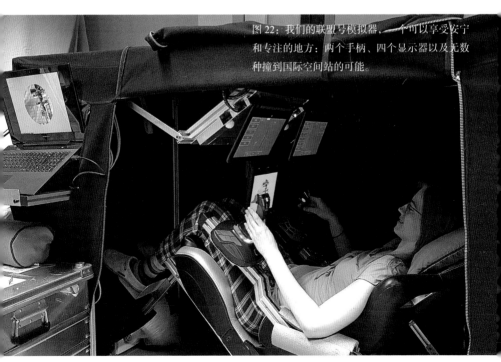

图 22：我们的联盟号模拟器，一个可以享受安宁和专注的地方：两个手柄、四个显示器以及无数种撞到国际空间站的可能。

图 23：夏季结束时，我们观赏了第一次日落。马可用这座 ASTEP 望远镜探寻系外行星。

图 24：冬季开始时，队员们与 DC-14 机组的合照。后排左起：安德烈、马里奥、雅克、马可 •S、弗洛伦廷、柯林、阿尔伯特、希普利亚、卡门、雷米。前排左起：马可、菲利普、莫雷诺。

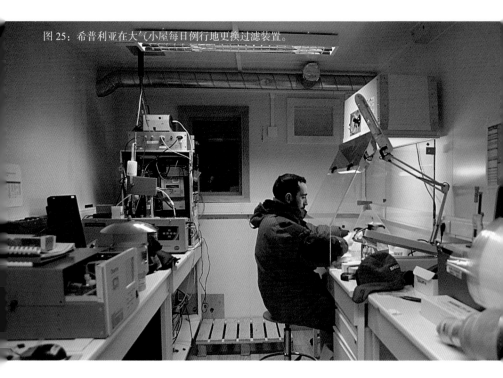

图 25：希普利亚在大气小屋每日例行地更换过滤装置。

图 26：经过 14 天穿越大陆的旅行，履带越野车终于抵达了康科迪亚站。它带来了燃料、食品和我们的包裹。

图 27：弗洛伦廷和我正在展示我们水循环的劳动成果：康科迪亚站新鲜的饮用水。

图 28：南极的温度难以想象。为了让温度更加直观，我们在室外做了康科迪亚站煎蛋。

图 29：在天台上吃饭也不是一个可行的选择。

图 30：起居室里的烛光晚餐，冬至节的高光时刻。

图 31：将沸水泼在零下 70 摄氏度的寒冷空气中，迅速结成了闪闪发光的冰晶。

图 32: 六月的午夜：集体照。我们把它做成了电子贺卡，冬至时发给了所有的南极科考站。

如同红茶一般。此外，我每次都能看到令人惊奇的景观：夏季耀眼的阳光会让我在返回科考站的一瞬间感到眼前一黑。在初冬和冬天快要结束的时候，在入口处可以看到远处刚刚升起的太阳，那片土地完全沐浴在梦幻的光线之中。在漫长的寒冬到来之后，我所看到的景象很容易想象。我一打开科考站的大门就步入了星空之下。短暂的外出让我知道，外面的寒冷是致命的，而科考站里却温暖舒适，就像一个受到庇佑的鸟巢一样。作为方圆600千米内唯一清醒的人，我蹒跚地走过康科迪亚站。一切都很静谧。

为采血做好一切准备之后，我就会去位于动塔的起居室吃早饭。与夏季不同，冬季的早饭没有固定的时间。每个人可以按照自己的习惯来吃饭。直到四月，我们都可以享用葡萄和橙子，然后储备就到了亮红灯的时候。我们储存了大量的各种各样的麦片。五月我们吃光了所有的酸奶，六月则喝完了所有的牛奶，于是我们就开始用奶粉制作酸奶，但不一定每次都能成功。希普利亚早餐很喜欢吃鸡蛋。在零上四度的恒温冷库中，我们储存了几百个鸡蛋，但是在二月就过期了。我们当中还是有不怕死的人继续食用。到七月份，我们开始吃预加工的蛋类食物。这主要是为了安慰阿尔伯特，他总是担心出现沙门氏菌感染，至少官方说法是这样的。我猜，事实上他每天都在期待我们中有人能生个病，以便检验他的能力。

此外，并不是每个人都对我们的鸡蛋储备具有很大的信心。有一天，两个法国人想做油煎薄饼。他们一个接一个地把鸡蛋打在水杯里，惊讶地发现，几乎没有一个鸡蛋能够通过水测验。他们最终决定使用利乐包装冷冻的蛋液。我们有一些囤货，所有没

173

通过水测试的鸡蛋都被放在一个纸盒里。他们中的一个人用粗体字母在盒子上写道："真正的坏蛋"。他还在旁边画了一个鬼脸表情，仿佛是鸡蛋做出来的一样。他们用脚尖把纸盒推到了冰箱最里面的角落。大家对鸡蛋的情况众说纷纭。第二天，马可·S想要做提拉米苏，没错，用那些"真正的坏蛋"来做。有那么一会儿，厨师似乎想对此发表看法，但当每个人都吃了很多甜点之后，他没再说什么。他看到了我的目光。

"那些鸡蛋没问题"，他小声说。

我耸了耸肩膀。为了表达对他的回应，我往嘴里塞了一大口提拉米苏。事实上，那些鸡蛋确实并没有给我们带来任何问题，只不过是随着储存时间的变长，加工过程变得烦琐，因为低湿度导致它们非常干燥，以至于只能用剪刀将蛋黄和蛋白分开。

174　　早餐过后，我进了实验室，马上就要开始采血了。今天轮到了希普利亚。他带来了两罐过去 24 小时的尿样和四份粪便样本。刚刚醒过来还没起床的时候，他就测量了心率，血压和双手、双脚的温度，并填写了六张问卷，内容全部与高原症状、情绪和舒适程度有关。在实验室里，希普利亚提供了三份唾液样本。每隔几个月我就要收集一次他们的头发，以测试压力程度。然后他要测体重：我们中的大部分人在最初几周会瘦几千克。由于处于高寒地带，我们的卡路里消耗会增加，即使每天享用两次意大利餐也于事无补。与此同时也有相反的现象出现：有的人运动量过少，吃得很多，因此会长胖，只有大概百分之十的人保持了之前的体重。

最后我给希普利亚抽血。在某些月份，我得为三个实验给每一个参加实验的人抽 16 管血。在针头埋在同事胳膊里的过程中，有很多时间用来说话。

"你自己也是受试者。你自己怎么给自己抽血？"

"像给你们抽血一样，只不过只能用一只手需要克服更多困难。"

"哦。"

短暂的沉默。希普利亚权衡了形势。在开始抽第 12 管血的时候，他脸上出现了典型的微笑，说：

"如果你需要的话，我可以帮你。我总是喜欢学点新东西。"

"呃……好的。那下次你可以给你自己抽血，以便进行更多的练习。"

我晃了晃采血椅，然后往他手里塞了几个针头。这一瞬间，他脸上浮现出一丝不确定，我居然这么快就让他开始了。我确实也没有对此做很多思考。有一小段时间，我很后悔把自己变成了实验品。例如，当他用针头扎到神经时，当我的血液循环停止，手臂上布满血肿时或者当适配器没有连接好，我的血液没有流入管子，而是喷溅到我们两个人身上时。然而，希普利亚的热情却并没有被这些平庸的场面所熄灭。

上午剩下的时间我用来分析血液样本。有一些数据需要立刻处理，其他的数据则可以运回欧洲再处理。因此，部分血液样本需要进行长期冷冻保存，为运输到欧洲而做好准备。对于不同的实验，只需要血液样本的一部分，比如某些特定的细胞，那么我就需要将这些细胞提取出来。为了不同的实验目的，对不同的血液样本进行的处理有所不同。我会把部分血液样本和试剂混

175

合（试剂是可能带来不同化学反应的物质），其他的则进行离心处理。利用离心机，我可以把不同密度的血液成分快速简单地分离出来。另一些血液样本则需要放在温水或干冰里或者反复操作前面的步骤。不同月份需要操作的步骤不同，有时候要持续到深夜。这是一项令人愉快的工作，但必须非常集中注意力，不然就很可能发生一些错误的操作，例如将两毫克的试剂放在了错误的试管里或者在某一瓶试管里放了两次试剂。最后，我会用流式细胞仪测量免疫细胞的活性。它的工作速度慢得让人神经紧张，因此我像猫一样蜷缩在实验椅上，看着设备按照大小对细胞进行分类，并对它们进行计数，然后慢吞吞地给出结果。

176

一天的工作并没有就此结束：我要将使用完的样本送到室外的集装箱冷冻起来，并准备好第二天实验用的雪箱。储存样本的地方就是一个集装箱，位于科考站前面的某个地方。集装箱里的温度和周围的温度一样。在这个黑暗的冰箱里，我要站上半个小时，将实验样本分类放到小盒子里。他们将被运送到欧洲——尽管这是明年夏天的事。我的手指经常因为这些工作而受伤。我不得不脱下厚厚的手套，以便能够抓取样本的小盒，然而厚手套下面的三四副薄手套并不足以抵御严寒。一开始，用化学暖手宝和电暖手套还可以解决一些问题，但这并不是理想的解决方法。化学暖手宝无法给手指取暖，而电暖手套也一副一副地坏掉了。有一天晚上，在给样本分类时，我感到手腕一阵疼痛，但几分钟后痛感就消失了。回到科考站以后，我发现我的双手严重冻伤了，只有手腕部位是个例外。电暖手套短路了，只给手腕部位取了暖。在同一只受伤的手上同时出现冻伤和灼伤，确实是一件有趣

177

的经历。

康科迪亚站最大的威胁之一是低温症，即体温处于极低状态。其最致命之处在于，由于体温过低，思维的速度会变慢，因此意识到自己的处境时，人们会以为自己仍然可以从容地回到科考站，事实上这时候已经应当通过无线电呼救了。一开始我们对南极的寒冷没有任何经验，虽然我们都受到过类似的教训。

当我帮一位冰川学家在某个室外实验室附近挖掘雪坑时就出现了类似的情况。我们每个月都要挖掘几个雪坑，进而在不同深度上测量雪的密度和特质。一开始我把自己的面罩推到了额头上，以便记录时能更方便。戴着面罩几分钟人就会感到视线的遮挡，因为它结冰起雾的速度太快了。我记录了雪层的温度、密度和硬度，以及我们收集的雪袋的变化。中间有一阵寒风刮过，我想重新戴上面罩，然而脑袋后面的绑带被冻住了，面罩无法挪动。好吧，时间不会持续太久了。我的感觉被蒙蔽了。在返回大气小屋的路上，我发现寒冷已经蔓延了我整个身体。终于回到温暖的环境中以后，我用颤抖的手指摘下面罩、帽子和头套。我的眼前有很多黑点在跳动，希普利亚用严肃的眼神看着我。

"你感觉怎么样？"

我没有作出任何回答，于是他将我推到了带暖气的房间里。

"你的脸色惨白，而且有冻伤。"

178

好吧，这解释了为什么我一点感觉也没有。也许还有一个原因，我当时有点迷糊了。

"人时不时就得把自己身体的一部分交给冻霜，这就像严寒在它的领土上征收的一种税。"希普利亚这次没有巧克力给我了，取而代之的是格言警句。好的，至少我的幽默感还没有被冻伤。

幸运的是，我们离科考站只有 20 分钟的路程，而皮肤最受不了的就是在温暖和冻伤的状态下来回切换。冰川学家有个办法：他背包里一直放着一个蜘蛛侠的面罩。这是意大利团队的装备之一。实际上，它是一个鲜红色的羽绒外套，直接从头上套进去，没有为眼睛和嘴巴设计开口。这个装备还不错，只是严重地限制了视野和呼吸。但眼下它却很实用，让我在回家的路上不必再把脸部皮肤暴露再寒冷之中。

每个月的后两周我都忙着进行联盟号驾驶模拟实验。模拟驾驶舱是一个可以用黑帘子遮起来的小空间，这样才能够让实验者聚焦在飞船的情境当中。这个空间里一共有三个监视器、两个操纵杆和一个舒服的座椅。受试者可以几乎保持水平地坐在里面。同事们会在里面飞向国际空间站并在那里实现对接，而我则在外面的电脑上观察他们的操作情况，用一个程序对他们的决策和移动进行精细地分析。

除了模拟实验之外，我们还要进行两个额外的测试。一个是有关认知能力的电脑测试，考察快速思维、迅速行动、记忆能力、联想能力和逻辑能力。第二项测试主要检测精细运动能力和反应能力。比如，受试者需要用一根金属针走出迷宫而不触碰迷宫墙壁，或者将一个小的金属徽章尽可能快地放进小洞里面。这常常会让几个同事抓狂。康科迪亚站的缺氧状态会让我们的表现受到影响。随着时间的推移，这两项测试成为了集体吐槽的话题。一部分原因或许在于，这项测试结束以后会有一个个人成绩排名以及和过去几个月的对比情况。大部分成员都不愿如此直接地看到隔离的状态在他们身上造成的结果。

我们每日计划最固定的点是一起吃午饭和晚饭。我们期待所有人能够同时参与。一方面是确认我们所有人都在，没有人外出。另一方面是可以了解一下各位同事和小组的状况如何。

马可·S一般会做意大利餐，偶尔也会加入国际美食。为此，他有一整柜的调味品。意面和烩饭是一直都有的，与此搭配的还有肉、鱼和蔬菜。所有的东西都可以直接从我们门前的冰盒中拿出来。由于团队成员来自不同的文化，烤面包成了一项特殊技能。一开始，马可·S做面包常常失败，但在同事们热情的驱动和关于面包质量日复一日的探讨之下，马可·S用了大概五周的时间基本能够烤出完美的面包了。由于在南极基础代谢会提高，因此我们总是感到饥饿。在午夜时分，经常会有一撮人——主要是意大利人——聚集过来，让厨师再做一顿意面。有些人失眠后会晃悠到厨房去，凌晨三点还要再来一顿罐装水果配巧克力酱。

午餐后我们会回到起居室。这里有一个巨大的咖啡机，可以做意大利浓缩咖啡和茶水，很适合意大利和法国的科考站。磨完咖啡豆，整个楼层都弥漫着美味的香气。这是一天最美好的时刻，喝一杯意式咖啡，吃一口巧克力，拿一本书窝在沙发里，很容易回归内心的平静。还有一波人选择玩桌面足球和桌球。希普利亚惊讶地发现我总是看《高卢英雄历险记》（Asterix），于是热情地向我介绍了全部漫画藏书。我的法语词汇是通过《特洛伊巨魔》（Trolls de Troy）得以扩大的。在整个冬季剩下的时光里，我都是在主人公兰佛斯特（Lanfeust）和瓦哈（Waha）的陪伴下度过的。

180

下午，我继续处理血样并处理一些行政事务：回邮件，扫描问卷并进行编目或者帮助同事们完成他们的工作。每天我还会安排出时间学习法语和意大利语，弹钢琴，写作以及画画，此外还要跟意大利学校进行 Skype 视频。出发前我还担心我会感到无聊，然而现在，初冬季节，我的生活和无聊沾不上边。这里每一天都过得很快，而我有很多事情要做。在后面的几个月里，我集中于工作，甚至连午休的时间都没有。这样充分的计划无可避免地以疲惫为代价。

181

在工作方面，我们处于一种悖论之中。一方面黑夜越来越长，隔离、寒冷、缺氧，以及我们精神上的压力非常难熬；另一方面，我在任何地方都没有像在康科迪亚站这样集中注意力。这里几乎没有什么分心的可能。手机在这里没什么用，因为没有快速网络。在零下 70 摄氏度的环境下，出去散步一定是个慎重考虑的选择，晚上要做点儿什么也不需要考虑太久。我们也不必为吃什么或者买什么而费脑筋。我已经几个月没看到过钱了。这是一种解放，如果不是如此复杂和疲惫，那我们的生活其实可以非常简单。

离科考站最远的实验室是超级达恩（Super Dual Auroral Radar Network, SuperDARN，超级双重极光雷达网）。它由两排超大的网组成，蔓延在南极的荒漠上。20 米高的电线杆，连接着各种电线，规律排列，看起来像一件艺术品。其深刻含义只能靠人自己领悟。我感觉，大蜘蛛尸罗（Kankra）随时可能攀附在上面，然后把我们当早餐吃掉。

"在这附近，我还没见过蜘蛛"，计算机专家莫雷诺笑着说。

他正试图爬上两个电线杆之间的橘黄色集装箱。借助超级达恩的帮助，莫雷诺可以收集太空天气的相关数据。我曾以为这是超大的网络，事实上不过是一个辐射范围在 90 千米左右的雷达。它测量的高度可以到达电离层。

　　除了奇怪的射线之外，它还可以捕捉射线粒子，通过其互动可以分析大气情况。

182

　　"太空天气之所以存在，主要原因在于我们附近的恒星"，莫雷诺说，"太阳也有大气层，即所谓的日冕。太阳大气层很活跃，大量物质会通过日冕物质抛射和耀斑等现象释放出来。这些时间会加强地球方向上的太阳风，并以冲击波的形式进入我们的大气层。我用超级达恩测量的就是这些粒子的相关数据。"

　　在地球上，分布着很多雷达。将它们收集到的数据合起来分析，就会绘制出我们头顶的大气物理情况图。

　　"我们想要更好地理解其机制。我们想要知道，如何能够预知危险事件。高强度的太阳风暴可能会影响无线电波，这就可能导致地球上的通信故障和 GPS 定位失败。电网也可能受到影响，当然，危险的射线也会危及大气层外不受保护的航天员。"

　　超级达恩集装箱里很温暖。集装箱的长边上布满了服务器，它们在疯狂地闪烁并发出嗡鸣，因此会变得很热，需要通过通风装置散热。我从未来过这里，于是饶有趣味地观察起来。我们距离科考站有大概 40 分钟的路程。还好我们走的不是很急。莫雷诺很有兴趣地给我解释了他的实验。

　　"别担心，午饭时间我们就回去了。"

　　意大利式的自言自语。莫雷诺从我身边经过，匆匆走向了电

183 脑。他碰到电脑的时候还骂了一句，蓝色的光在他指尖跳跃。冰穹 C 的空气稀薄、寒冷且干燥，电的传输能力就更差。当我们在该地区漫步时，根据我们的鞋类会不同程度地积累静电荷，一旦我们接触到金属物品，就会释放出壮观的电火花。即便是在南极生活了几个月以后，我们依然对此感到惊讶。并不是每个人都遇到了强烈的电火花。比如阿尔伯特就不能开门，否则人们会觉得他可能拥有邓布利多的魔杖。我时不时能看见他要碰金属质地的物品时，会先用膝盖接触放电，以防他的手被电火花击中。他的样子看起来很滑稽，实际上却可能引起致命的后果：这样的电火花可以摧毁一台电脑或一部手机。

　　每周我会利用晚餐前的时间进行三至四次健身。如果想要保持肌肉并在缺乏运动的情况下不发疯，健身是必要的。

　　我们的健身房当然面积不大，但设备齐全、装修很好：跑步机、划船机、椭圆仪、腿部训练器、腰腹训练器、引体向上器、卧推椅等，此外还有很多瑜伽垫和杠铃。使用健身房的总是同一批人。雅克每天早上同一时间在跑步机上跑五千米。菲利普一开始很规律地去跑步，后来总是缺席。他认为在这么小的空间里跑步太过单调，他的说法是对的。然而尽管在跑步时不得不面对墙

184 壁，但跑完之后的感觉却仍然会明显变好。为了让同事们保持健康，当然我也有私心，希望某些同事减压后我能从中受益。我总试图鼓励别人也参与到运动中来。菲利普和我都立下了要去南极点的目标——当然是虚拟设想。我们在跑步机上跑的距离会被填到一张表格上。每周我们都会展示自己的进度。从这里到南极点一共 1200 千米。我们后来想到了一个主意——在跑步机上装一

个电脑屏幕，这样就可以边跑步边看电影了。这让跑步变得更有乐趣。于是，阿尔伯特也规律地来跑步了。他在跑步机上一边疯狂地跑步一边看动画片。

马可每天都练瑜伽，不过他大多数时候在旁边的影音室锻炼，那里空间更大。我从没想过自己会如此规律地去健身房，由于日常活动的机会太少，每次锻炼我都觉得很开心。我们遵循了一套专业的健身计划，效果也很明显。至少我的体重不再下降了（这当然和马可·S的厨艺也有关系）。我总是会想起这些在高海拔地区锻炼的日子：我的肌肉还没酸痛就已经上气不接下气了，但锻炼总是会带来快乐，最重要的是：可以减压。人们很快发现，那些运动较多的人在工作和健身房里更加放松。至少有一点点放松。

每天晚上七点半，准时开晚饭。有时候我们会早些到达厨房喝点开胃酒。我们的厨师总是很喜欢社交。某一天开始，我们决定把进餐地点从破败的餐厅挪到舒适的客厅。这里我们紧挨着身边的人，能够更好地对话，更容易突破文化的壁垒。时不时也会有人计划在晚餐后去影音室一起看电影。这个活动通常伴随着关于电影语言和字幕情况的讨论。大部分时间大家则会留在客厅中，聊天、阅读或者一起做游戏。

语言课每两周举办一次。每次都是在晚饭后开始。在越冬开始时，每个人都参与其中，直到既能说法语又能说意大利语的安德烈表示自己对英语没有兴趣，情况才发生变化。第四周开始，参与人数开始减少。到了五月份，只有动力很强的人还在坚持。每次课前，我们中的两人都会共同准备词汇，用以在会话中

185

造句。我负责将词汇翻译成德语和英语。我的德语课一直持续到越冬结束。然而我怀疑我的两位学生之所以能够坚持，是因为它们谁都不愿意比另一个人先放弃。这一周仍然由这两名同事负责搜集词汇。他们选择的主题是身体部位。我扫了一眼三页长的单子。有趣的是，里面有屁股的五种不同说法（意大利语和法语里有多种说法），然而却没有一个表示胸部的单词。我试着不做过多解读，晚上的会话会如何发展呢？我开始了词汇的翻译工作。

周日通常是休息日，也没有固定的吃饭时间。很多同事都睡懒觉，有的人甚至一整天都待在床上。傍晚的时候，桑拿房会开启，它位于科考站后面的一个集装箱里。因此，只能穿着泳衣在雪地里穿过一小段路才能到达。桑拿在同事们中间获得了热烈地欢迎。这是方圆数千米之内唯一能够出汗的地方，同时也是一个提供放松的、和平的无人之境。冲突都留在了外面。这也许是因为，我们穿着泳衣坐在南极中间产生了一种将我们联系起来的脆弱感。这个集装箱的设计很可爱。入口处非常漂亮，我们可以将外套、拖鞋放在这里，然后进入一个方便排水的纯木质空间。这里有一种树木的味道。如果桑拿后直接穿着比基尼走入夜色，那么最多将可以感到 180 摄氏度的温差。在夏季，我们还会在跑回桑拿房之前在雪地里滚上几圈（无论如何得穿鞋。几年前有人光脚跑出桑拿房，回来时发现他脚上的皮肤粘在了雪地里）。到了现在这种严冬，我只敢在集装箱前面走几步，在我的身体慢慢被冰晶覆盖之前就赶快回到桑拿房的温暖中去。

四月末，我们做了俄罗斯菜以庆祝"尤里之夜"。1961 年，27 岁的战斗机飞行员尤里·加加林乘坐东方一号（Wostok 1）宇宙飞船进入了太空。

"火星鸡尾酒！我们混合了一些红色的饮料，用牙签穿上尤里头像做装饰！"

"我希望，东方站的人没有在偷听……"

"我们应该做点俄罗斯点心！我们有没有菜谱？"

"找找看。"

经过半小时在网上的查找，我们找到了几个俄罗斯糕点的食谱。它们大多要求使用黄色蛋糕粉。这真是闻所未闻，其他的食谱则需要大量的炼乳。

"炼乳我们倒是有。夏天的时候我见过几罐。"

我们手头至少有 20 管炼乳，但在仓库里却怎么也找不到。我的乐观主义一下子就消失了。这很罕见。在回去的路上，我看见马可·S 坐在技术员的办公室里，我问他要了牛奶。

"哦……"，雅克在马可·S 后面红着脸发出声音。他慢慢地从夹克衣兜里拿出半管炼乳。从他难为情的神态里我感受到，他可能从冬天开始起就在工作时偷偷吃炼乳。他手里的一管是最后的库存。

无论如何，我还是想做一次萨赫蛋糕。

最终的成品看起来像是一次冒险。它没有任何我在制作时想要的特质。我很难估计在康科迪亚站特殊的空气条件下，应该怎样改变食谱里面的配料加以适应。经过思考，我在蛋糕外面浇了一层厚厚的巧克力。我还用翻糖做了一个宇航员形象。马可·S 做了牛肉炖蛋、三文鱼、鱼子酱配薄饼。餐厅里装饰了很多尤里的头像，我们给距离我们很远的邻居东方站发了邮件，可惜并没有得到回复。直到冬天结束的时候，这仍然是一个常常被提起的迷，不知道这一年在东方站是否有人参与越冬。

复活节前不久，一位同事满脸怨气地抱怨说，他找遍了整个储藏室，也没找到任何复活节巧克力蛋。

"我们可以自己做点儿！"

我看到了一起烹饪缓解气氛的可能，同时我们还能呼吸一整天的巧克力香味。大部分成员约定过节的时候来厨房。最终毫不意外的是，我一个人站在那里。忽然，一座巨大的巧克力山摇摆着浮现在楼梯上。菲利普藏在下面的某个地方，他边骂边试着保持平衡。我们站在厨房里无助地看着巧克力板，最薄的地方也有15厘米。刀很难切开这样的食物。

很快希普利亚来了，他从大气小屋回到科考站的路上被冻到了。他拿起剁肉刀朝巧克力挥去。马里奥望着角落，他在寻找莫雷诺，试图把熔化巧克力的工作分配给他。由于我们没找到模具，因此我们只能找一下尽量有点像鸡蛋形状的东西——烹饪勺、碗、夹心巧克力盒、企鹅饼干压模。所有可能的东西里面都灌上了巧克力。我实验用的一个红外温度计对控制巧克力的温度起到了重要作用。

我想要借这次行动缓解气氛的目标也没有达成。我们闷闷不乐的同事短暂地视察了我们的行动，然后指责我们做错了，他妈妈不是这样做的。另外两个人尽管在前一天晚上的谋划过程中很有热情，但第二天还是决定在床上度过，并认为我们在浪费巧克力，但无论如何，我们四个人度过了一个有趣的下午。接下来的几周里，我们都以造型特异、令人恐惧、味道不佳的巧克力做了饭后甜点。

到了晚上，我的头发还是有一股熔化了的可可豆味。我得出去一趟拿第二天需要的实验用具。在一楼，我们每个人都有存放个人衣物的空间，这是出科考站的必备物品。法国和意大利的极地研究所为各自的成员准备了不同的装备，但基本上是相似的。只不过意大利人是红色的，法国人是蓝色的。最里层我穿着保暖内衣，这是黑色的紧身衣服，看着很像猫女的装扮，然而要暖和很多，可能也更加舒适。此外，我还穿了另外一条羊毛裤，两三件细羊毛长袖 T 恤，然后再套上红色的粗呢毛衣。我闭上眼深呼吸的时候，还能闻到上次篝火晚会时留下的味道。如果天气特别冷，我还会在套装外面再穿一件毛衣。从颜色上看，我并不是一个猫女，而是一个装饰怪异的圣诞树。在穿了两双袜子之后，我套上了极地套装。套装上的缝隙比较少，风很难穿透。在拉上套装的拉链前，我还戴上了头套。这样就只有眼睛露在外面。最后我又戴上帽子、滑雪眼镜、头灯和重重的极地鞋，还有薄厚不一的四副手套，下面有化学暖手宝，外加一个厚厚的猛犸毛连指手套。

在出口处有一面镜子，借此大家可以确保自己脸上的每一寸皮肤都被盖住了。风和寒冷会钻进每个小缝隙，敏感的脸部皮肤最容易被冻伤。我多带了一块无线电电池（放在内兜里，以保持它的温暖），并通过无线电告诉大家，我出去了。然后我顶住重重的大门。黑暗、狂风、令人战栗的苦寒。在关门时，门发出了响亮的嘎吱声，它的外面挂满了雪。下楼梯时，靴子在雪地上踩得嘎吱作响。一开始，雪地上还映着科考站几个房间的灯光，渐渐地，这些灯光也熄灭了。整个冰原空空如也，天空显得更加庄严。银河系的星星在闪烁，雪地反射着它们的光芒，仿佛触手可及。

从集装箱出来以后，我又来到采集用于冷却血样的雪的地方。四周一片灰暗，天上只有一轮新月，在诡谲的月光中，四周的景色若隐若现。四下唯一的噪音就是我的脚步和我的呼吸。我感到自己完全孑然一身。这是一种独特的气氛，令人毛骨悚然，但又美妙无比。

我观赏雪地和星空的时间越久，就感觉在冰原之外有地方能够晒到太阳、可以不穿三件羊毛衫、不用把脸严严实实地捂住是一件不可思议的事情。

第九章　黑夜的降临

人类的历史是在黑暗中不断追寻光明的历史。

——弗里乔夫·南森《通往北极的新路线》，1891年。

　"在一天结束时，太阳总是把自己藏起来的满天星辰交还回来。"

希普利亚笑了笑，他也不确定，自己的话从何而来。黑暗将其触角伸向我们。

三月三日中午，太阳最后一次出现。它低垂地在地平线上停留了几分钟，然后迅速落下去，在接下来的三个半月完全消失了。我们来到距离科考站大概一千米的地方，执着地站在荒原上，遥望着我们的恒星。我们等待漫长冬夜的开始。寒冷一直如影随形。与夏季的温度差异非常明显。一直到零下 60 摄氏度都还可以忍受，至少没风的时候还行。而现在，气温一天天降低。厚重的衣服让我们在松软雪地上的每一步都越发艰难。经过六个月的高原生活，我们逐渐认识到，身体无法完全适应这里的缺氧
　状态。现在的情况已经比开始时好了很多，但即使运动很少，我们仍然会像肉肉的企鹅一样努力呼吸。

太阳不再升起的第一天是个周五。午餐之前，一小队人聚集在一扇窗户前面，我们原本常常在这里欣赏太阳。我们在这里站了半个小时，什么也没有发生。一丝蓝色的光在地平线短暂地闪

烁了一下，它没有像以往一样变得更强，而是很快就消失了，我们的科考站又很快陷入黑暗。

对一个局外人来说，这种情况可能非常奇怪：四个成年人沉默地站在窗户前齐刷刷地望向远方。但在康科迪亚站，这种景象非常常见。总会有人在某个地方站在窗前向外看，只要他看见一个没有被冰封住的东西。

在五月的某一天，我忽然想起在布列塔尼大西洋海岸线的跑步。那天的雨，咆哮的浪，对即将结识的新同事的好奇……想再次去那里的愿望迅速消失了，就像它出现时一样突兀。也许是因为当晚马可·S做了鳄鱼肉，于是那种对异域风情的渴望暂时得到了满足。由于我们的肉类储备来自澳大利亚，因此总是有些奇怪的品类。马可·S做的袋鼠肉汉堡（känguru-Burger）很受欢迎；鸭肉、田鸡和蜗牛对部分成员来说非常具有异域色彩。当我们在零下20摄氏度的冷柜里发现一袋小袋鼠肉（Wallaby-Fleisch）时，马可·S请求我把它藏起来，因为"他不愿烹饪这种东西"。这个人居然也有底线。可是，当我带着迟疑的态度品尝鳄鱼肉的时候想到了这件事，马可·S似乎读懂了我的表情并试图安慰我。

193

"智者说：只有傻瓜才会莽撞……"

下午，我坐在办公室望向窗外，看到黑暗的大地上悬挂着一轮明月。视野中没有白色，没有地平线，没有房屋。这个场景让我感到无比疲惫，我忽然想要爬到床上去，只想睡觉。然而，我并没有这样做，而是去将今天最后一份血液样本冻好，然后走向了另一座塔，做了一杯咖啡，最后坐在了钢琴前面。

"我能留下吗？这会是一种罪吗？"

为了恰当地迎接长夜，我们策划了一场特别庆祝：周六举办一场夜晚歌舞表演。为了改善常规、单调的生活，我们周六经常举办特殊聚餐——通常会换个人做饭，这样马可·S周日下午可以空闲出来。雷米的叔叔是法国星级厨师，他给了雷米几个食谱，于是雷米经常和柯林、弗洛伦廷一起照谱做菜。与此相配就产生了不同的聚会主题。例如三月一天的主题就是扮演卡通人物。我们扮成了库伊拉·德维尔（Cruella de Vil）*、大力水手（Popeye）**、金刚狼（Wolverine）***、毛克利（Mogli）****、花木兰（Mulan）*****等人坐在桌前。

"就像河流必定涌入大海……"

为了这次歌舞之夜，我们每个人都学习了一个技能点。我打算和希普利亚一起表演尤克里里/钢琴/二重唱奏。在影音室的箱子深处，我们找出来一张猫王的歌曲单。我们带着热情和幽默感投入了练习。想到周六有大量的鸡尾酒和红酒可供饮用，我们不再怯场。红酒不仅可以给受众们带来美好的情绪，也可以给我们的表演带来不错的影响。

194

"亲爱的，有些事命中注定。"

---

* 美国动画片《101忠狗》中的反派角色。——译者注

** 美国动画片《大力水手》中的主角。——译者注

*** 美国漫威漫画旗下的超级英雄。——译者注

**** 英国小说《丛林故事》中的主角。——译者注

***** 中国古代巾帼英雄。——译者注

这是美好的夜晚：一次烛光晚餐，我们不是坐在一张大桌子上，而是分坐在不同的小桌子上，每个人都愉快地参与表演。阿尔伯特跳了一支舞，马可模仿了马戏团的表演，弗洛伦廷用勺子表演了魔术，菲利普用绕口令把所有人都难住了，柯林、安德烈和雷米用手风琴和吉他表演了法国香颂曲，我们跳了华尔兹和探戈。希普利亚和我的服装很有创造性。他穿着粉红色的手术服，外面套着米色的浴衣，我穿着超大的皮夹克，戴着自行车车手的手套和太阳镜，我几乎什么都看不见。我们的表演成为了整晚的高潮，尽管我们的衣着非常奇怪。大家要求我们再表演点儿附加节目。由于我们只练习了这一首歌，于是我们又和大家一起合唱了一遍：

"因为我情不自禁地爱上了你。"

周末，我试图到户外去转转。有的时候，一个人脾气暴躁就会感染一群人，然后持续几天的时间。如果出现了这样的情况，那么出去走走是一个很好的办法。希普利亚每天都要去大气小屋进行冰雪晶体分析。如果我不忙，就会陪着他一起并帮他记录。

五月初的一个周日，中午时分第一次出现了真正的黑暗。为了好好保护我那个已经被虐过一次的鼻子，我戴上了滑雪面罩。面罩上的玻璃没几分钟就结了冰，我于是只能看着前面人的模糊身影跟着往前走。同时，我目标明确地朝着一根柱子跑去，那是希普利亚的实验室的标志。我把面罩推到额头上后可看到了希普利亚的眼睛，他距离我只有几厘米远。他的帽子和头套都结了厚厚一层冰晶，眉毛和睫毛上也挂着冰柱。尽管我只能看见他的眼睛，我也能感到他因为我的笨拙而感到了乐趣。我尽量保持尊

195

严，不理会他的偷笑，想要把背包里的装备拿出来。这花费了我整整五分钟的时间，因为背包上的塑料扣冻住了。我喘着粗气拿着相机到达了目的地，生气地意识到，刚刚打开书包的动作已经耗尽了我的全部力气。寒冷和缺氧对我的身体造成了很大的影响。

当我回头望向科考站的方向时，我惊呆了，我以为我至少还能看见科考站的大概形状，但即使是窗子里的灯光也没能散发出来。如果我不知道康科迪亚站就在我们身后，我绝对找不到任何和它有关的线索。那两个明亮的小点或许不是科考站的所在，而是两颗星星发出的光。黑暗吞噬了一切。我们的视野局限在几米的范围之内。这太容易迷失在错误的方向了。地平线显得非常诱人。

"我很想朝着地平线走。去看看那后面是什么。"

"走到极点去。"

"一次考察。一次探险。"

"那就一直向前进军吧。"

196 我们又一次长时间地停下脚步，窥视我们前方的孤寂，直到我发现我的手指冻僵了。

尽管大气小屋里有很多运转中的机器，但比起八百米外的科考站，这里还是非常安静。除了我们对讲机发出的声音，外部实验室都如同隐居者的洞穴一般安静。我们可以随便说自己想说的话而不受任何批判目光的监视。这和马可的瑜伽所能带来的放松效果相似。

在回去的路上，我们看到了月亮。我几乎认不出我们前进的方向。当有上坡或下坡时，走路也是深一脚浅一脚。周围的地面在暴风的加持下更加高低不平。大自然带来了雪，我们夏天必须奋力地将之清除，但它们慢慢地又回来了。当我们向科考站的方向前进时，天空中出现了更加神秘的光。天上出现了几颗我之前从未见过的星星。其他的光影都黯淡了，空气澄澈，大气稀薄——在整个地球上，没有任何其他地方可以像在南极一样徜徉银河。这片土地真是多愁善感啊。南极仿佛要对我的想法表示认可，忽然出现了一阵流星雨。我们站在那里，把头露出来。所有的关于善感的想法都烟消云散了，这就是我们的家，鬼斧神工般的美丽。

在距离康科迪亚站 100 米左右的地方，我们终于能看到它了。透过两扇窗户，微弱的灯光映照在雪地上。黑暗才刚刚开始，在科考站内部已经有同事受到影响了。而在工作室外，一切仍然非常平静。望向星空的视线是自由的，整个宇宙环抱在我们周围。在静夜里，火星洁白。有一天，我拿着一杯浓缩咖啡在起居室思考接下来的安排。这时，菲利普从厨房走出来，胳膊下面夹着一本厚厚的地图集。他把一本打开的书送到我面前。还好我及时地拯救了我的咖啡。我露出疑问的神态。通常这种情况下，菲利普就会开始滔滔不绝地讲述，这一次他也没有让我失望。

"从三周前我就开始看旅行手册，现在我已经基本确定我的路线了。你觉得，我应该乘坐巴士还是乘坐火车？或者我可以租个自行车。"

他带着一种近乎无辜的眼神看着我。他的眉毛消失在刘海中。他是不是丧失理智了？这也可以解释为什么他带着地图册出

197

现在厨房里。他把地图册藏在冰箱里了？我装作没有发现什么异样的样子问道，他是否打算从康科迪亚站直接坐火车离开以及打算什么时候离开。我盘算着，也许可以在他踏上假设的站台之前制服他并把他送到阿尔伯特那里去。菲利普顿了一下，脑子里可能闪过了和我同样的想法。

"我是说，之后。康科迪亚站之后。十二月份。"

"啊，行。好的。"

尽管如此，我还是感到惊讶。我们的驻站时间还没到一半。这才刚刚五月，外面仍是无尽的黑暗。正午时分我们甚至还能看到银河，还能数天上的流星。对我来说，时间过得太快了。而菲利普却已经在我面前盘算着离开这里就立刻去旅行了，但他并不是唯一一个如此的人。这本地图册出现在桌子上的频率越来越高，大家越来越多地谈论之后的事情，仿佛我们离开康科迪亚站就会去往天堂一般。尽管看棕榈滩的照片显然没有让任何人感到更加幸福，因为当大家的目光从书本上移开时，就会看到老旧的起居室、裂缝的绿沙发以及同事们疲惫的脸。而下一班抵达的飞机要在六个月以后才能出现。

《西部世界》（*Westworld*）*中有一句台词："人们喜欢阅读那些他们迫切追求却很难经历的东西。"康科迪亚站的情况很好地佐证了这一点。尽管如此，我还是很难理解这种行为——我喜欢寒冷，我觉得这里的黑夜非常美丽，破烂的沙发很有情调。飞机还可以再晚一些来。我有时候感到非常奇怪，自己竟然如此喜爱

---

* 　一部美国科幻类连续剧。——译者注

南极的景色。有的同事想念他们的家人和孩子，有的人想念互联网和沙滩漫步，想念妈妈做的意面、阳光。我却不是那种想家的人。这一年，康科迪亚站就是我的家。我的同事中很少有人能与我同感，但这为数不多感受相同的人与我保持了更加舒适的社交关系。

我和菲利普交谈后没几天，水质检测培养皿中就发现了细菌污染，技术组非常慌张。不幸的是，同时又出现了多人生病的状况：恶心、呕吐、腹痛、腹泻的症状出现了在科考站。我本人也是受害者之一。不过到此时为止，大家还没把自己的症状与水污染联系起来。事实上，也不是所有人都知道水污染的情况。经过夏天的闹剧，我对于这件事应该告诉谁的思考非常谨慎，否则可能会造成有些人干脆不喝水。为了证明污染不是我在实验过程中造成的，我用过滤后的无菌水作为对比组进行了检测。此外我还戴无菌手术手套来进行检测并培养了康科迪亚站第一位水质分析助理。

对比组的数据都是阴性的，没有细菌，没有增长。污染源就是饮用水，是水流淌过的水管和水龙头。这时我们跟驻站成员说明了情况，表示水污染可能会引起大家的症状。晚饭时，我们从黑暗的角落里找出最后几瓶瓶装水，有的人干脆用啤酒代替。我真希望问题能够尽快得到解决。

第二天下午，我和弗洛伦廷开始对所有的水管及全部的培养皿进行消毒。只要水管消毒后污染细菌被清除了，那么问题就解决了。如果污染仍然存在，那么问题就在其他地方。这个过程的复杂之处在于：康科迪亚站的水管很长，很耗时间。

我们使用的消毒剂非常强效，以至于我感觉当我呼吸或站在打开的瓶子旁边时候，它也连同我的呼吸道和每一个肺泡都清洁了。我们把整个浴室喷了个遍，然后快速逃到走廊里大口呼吸。

"效果很好"，弗洛伦廷充满勇气地走到瓶子边上盖上盖子说。

在这次清洁行动中，我觉得最美好的事情是在男士浴室饮用水管中发现了水藻。在拆下水龙头后，我们用消毒液冲洗了它，看着这些绿色的泥浆被冲走。这是很激动的一件事。我们沉默地看着，在无言中达成了一致，谁也没有在当晚提及这件事情。也许我们会在某个合适的时刻说起来，它能够使我们振奋。我给布雷斯特的技术管理部写了一封邮件。此后，检测水质的频率提升了。在消毒行动之后，问题顺利解决。新一轮的培养皿全部呈阴性，我们再也看不见那些绿色的泥浆了。大家的症状也慢慢消失，啤酒的消耗量逐步降低，科考站得救了。

直到下一次不幸发生。

有一天上午，一声突如其来的响声吓得我手中的试管险些掉落。这个声音拉得很长，节奏非常奇怪。我担心地望向角落里的流式细胞仪，是从它那里传出的声音。它出问题了吗？响声依旧在持续。我放好试管，走到细胞仪附近。机器后面有一摞纸，我把机器推到一边，出现了一个电话听筒。在康科迪亚站，每个房间里几乎都有一部电话，用来进行站内通话。事实上很少有人用它。当我把听筒拿到耳边时，那一摞纸和电话基座一起掉到了地上，发出很大的噪音。我忽然感觉异常疲惫。

"你好？"

"早上好，南极洲咖啡馆，你想喝咖啡吗？"菲利普的声音从电话里传来。

"我们这里有意式咖啡、卡布奇诺和玛奇朵咖啡……"

"嗯……请来一杯双倍意式，非常感谢。"

放下电话以后，我屏住呼吸，静静倾听。当我听到隔壁马里奥和希普利亚的电话铃声时，放松地呼出一口气。在康科迪亚站，如果有人忽然对他人示好，那么要想想清楚。如果菲利普忽然只给我做咖啡（特别是我是全站两名女性中的一名），那么接下来几周里就会有流言蜚语产生。我当然很开心有人把咖啡送到实验室里，别人也是。这种情况非常困扰我，以至于我有时候会像偏执狂一样问自己，这是不是仅仅是一种友善，还是背后藏着别的想法。

我的前任实验员总是说，人们在这里会变得偏执，但这并不准确。人只是会变得非常不信任他人。但是当我觉得把这样的想法放到一边去，单纯地享受别人的友善时，我被批评太过天真。偏执和天真之间的地带是如此地狭窄。简单说来就是最好自己去做咖啡。菲利普端着四杯咖啡上楼了，伴随着肖邦奏鸣曲的音乐。考虑到他要先下两层楼，通过廊桥，再上两层楼才能到达这里，杯子里没洒出去的咖啡已经算是很多了。

我们的队伍里有三个成员吸烟，幸运的是他们不用出门抽。在动塔的底层可以抽烟，那里只有一间配有换气装置的工作室。很难预计在隔离期间吸烟行为会带来哪些改变以及他们要带多少香烟来才够。我一开始认为，他们肯定经过周密的计算，但我错了。五月初，这三个人进行了一次深入的谈话，并且令人惊异地宣布，按照他们现在的香烟消耗量，两个月后就会全部吸完。大家向他们投去担忧的目光。没有人想要经历三个人一起出现戒断反应的情况。

"别担心"，一名吸烟者感受到了大家的目光，回应道："我们数过了，计划了到结束每天大概还能抽几支烟。"

到了七月，这个讨论又进行了一次。结论是，五月份的时候数错了。他们只剩下四周的量了。为了能够一直持续到夏天，他们现在每天还可以吸半支烟。这样他们就能坚持到 11 月。然而，这也并非真实情况。他们没有估算到，其中有一个人每天半夜偷偷起床去吸烟。九月初，所有的香烟都已耗尽。此时出现的后果并不比预计的好很多，但戒断反应此刻还没有很明显。

冬天太阳消失后，最让我困惑的一件事就是如何确定白天的时间。有一天午餐前，我坐在床上阅读《全世界最糟糕的旅行》，然后就睡着了。过了一会儿，我清醒过来，感觉非常疲惫，但胃在咕咕叫，于是我来到了走廊。我条件反射地抬起一只手遮挡住走廊里的强光，但这丝毫没有必要。静塔二层一共有十八扇窗户，前不久还不分昼夜地充满阳光，现在如果不开灯就会陷入完全的黑暗。不是每一层都有时钟，我也早就没有了一直把手机带在身边的习惯。因此几乎不可能知道现在的时间。我离开所在的楼层，大家要么在睡觉，要么在吃饭。我进入廊桥，找了一个有时钟的地方，上面显示是 12 点，这时我仍然不知道是中午 12 点还是半夜 12 点。我长途奔袭到了动塔，经过了一扇窗，外面是漆黑一片。这也没什么助益。我听到了楼上有声音。爬完了最后几步楼梯，我来到了拐角处，这里有光线——是的，弗洛伦廷和马里奥正在铺桌子，马可端着一锅食物走过。我不敢问他们这是

203

午餐还是晚餐。

南极总是被人浪漫化。最后的荒野。最孤独、最寒冷、风最大、最干燥、最艰苦的大陆。那里有企鹅、冰山、无尽的白色荒原、成功或失败的求生故事。那里还有与自然、苦寒和大风的抗争。在每一篇报纸的采访中，受访者都会提到我们前不久经历的低温。所有人都在玩一个"我最艰苦"的游戏。康科迪亚站是最适合这个游戏的地方：至少在气温方面，除了东方站，这里是最极端的。隆冬时节，零下60摄氏度在这里司空见惯。科考站里挂着很多监视器，上面随时显示着户外的温度、风力、风向、气压和空气湿度，此外还有接下来几小时的天气预报。我们经常站在显示器前，讨论是不是还能更冷一点。其他科考站的英雄故事只能换来我们疲惫的微笑。经历这样的低温毫无疑问是令人激动的，特别是当在零下80摄氏度的天气里出去散步，回到室内后取下两层结了冰的头套后又能够感受到呼吸的时候。这绝对不是戏剧。从室外回到零上18摄氏度的科考站后，我们可以享受厨师做好的温热的饭菜，喝上一杯酒，晚上健身后能舒服地坐在沙发上阅读、写作、玩牌、听音乐。而不必像曾经的威尔逊、鲍尔斯、谢里-加勒德那样整天拉着雪橇，时刻处在掉进冰裂的危险当中，也不必在夜晚把冻掉的手指切掉，更不必钻进冰冷的睡袋。

矛盾的是，最多的抱怨总是来自那些去室外最少的人。另一方面，还有一些人喜欢扮演英雄，每次出去都要事无巨细地讲述自己在外面经历了怎样的严寒和冒险。有两位同事每周都要爬上美国塔，以便清理塔顶设备上的积雪和结冰。每次他们回来时，

205　他们就为此感到骄傲，仿佛他们跑到了极点一样。他们回到科考站时总是伴随着展示性的呻吟，然后抽噎着用无线电说话。一开始说的是"我回到科考站了"，后来变成了"终于，终于我回来了。我今天都经历了什么啊！外面太冷了！"

　　这出戏很有意思。在全世界最冷的地方，这 13 个人中总有人比其他所有人都过得更艰辛，有更多的工作，更多的外出，更多冻坏的皮肤，更多和外界的联系，更少的睡眠，更糟糕的督导。这里每天都有新话题。

　　痛苦成为了一种寻常不过的事情。我在谢里-加勒德一百多年前写下的日记里也发现类似的描述：

　　"最令人迷惑的事情就是，有人在进帐篷之后就会喋喋不休地讲述自己又修了雪橇，建了一堵墙，给炉子加了火并且补了袜子。最好的同事就是那些知道要做什么并且去做的人，同时不对此发声。"

　　我认为，这些痛苦对我们大多数人来说并不明显。我们试图享受这些过程。身体的透支、心理的疲态、对同理心的渴望，都值得被庆祝。有一点点抱怨也无可厚非，但每周、每天犹如一种仪式一样的展示让听众们感到疲惫。

　　每个人都应该知道，我们的工作一样艰苦。

　　有一天早上，我正在把马可的血液样本与活性大肠杆菌混206　合（以便测试其免疫系统的反应），放在一边的手机忽然震动起来，我收到了一条新消息。实际上是很多新消息。这当然可能预示着某些好消息，但也会破坏当下的气氛。于是我试着忽略这些信息，直到我做完马可免疫系统的活性测试。

康科迪亚站和外界联系一共有三种方式：卫星、Skype 和
WhatsApp 聊天软件 *。卫星电话通常比较紧张。幸运的话，信号
延迟不会太多，但通常来说我们只能听懂聊天对象说话的一半内
容。Skype 软件安装在一台有入网许可的电脑上，它的效果比电
话好，有时候甚至可以打视频电话。但视频质量非常差，且最好
不要同时使用两台联网电脑。第三种可能就是 WhatsApp，每个
人都可以在自己的手机上使用（除了使用这个软件时，手机不能
联网）。这种方式主要用来接收文字信息，下载图片需要很长的
时间。这期间 WhatsApp 被我们中的很多人骂惨了。在隔离之中，
但却总是能够被联系到，这种感觉很奇怪。总是有很多来自欧洲
的消息。对于在家的亲戚朋友来说可能是一件小事，但在南极的
环境下可能是就变成了一桩大悲剧。我们当中的已婚人士可能会
反复解读伴侣的每一句话，如果联系不上对方，就会陷入抑郁情
绪。那些迅速忘记智能手机并且每周定时统一回复消息的人，生
活状态就要满意很多。

我认为，减少与外界的联系会让生活更简单。真正的隔离，
不用 WhatsApp，不用互联网。对那些被我们留在欧洲的人来说
或那些即使在康科迪亚站也想要和爱人保持更密切联系的人来
说，这听起来或许有些自私。但我们慢慢就会发现，家人和朋友
几乎很难想象我们在两座塔里、四周除了冰雪空无一物且和 12
个并非自己选择的人待在一起的生活。

我的手机在实验室里震动。我把它从茶壶和素描本之间拿

---

* 一款即时通信聊天软件。——译者注

出来。信息是一个奥地利朋友发来的。我一只手挡住茶壶、防止里面的水流到地板上，另一只手拿着手机：她请我帮她看看哪条裙子好看。附上了五张照片。我的手机非常努力地试图加载图片。它看起来接下来一整天都要为此而努力。我的朋友不可能得到快速的答复。经过进一步对不清晰地图片的观察，我发现几乎每张图是都是一条白色的长裙。询问之后，我心里的疑惑得到了确证：

"是的，我夏天要结婚了，我没跟你说吗？"

我忽然感受到自己距离"真正"的世界太远了。我随机地将这件事告诉了一个路过的同事。

"一个人能够向另一个人承诺，愿意与他共度一生，这是一件很美好的事。"

他脸上露出了调皮的微笑。是的，我想，然后一本正经地忽略了他的笑容，只关注最核心的事情。

六月，我的另一个祖母将在克恩滕（Kärnten）庆祝自己 80 岁的生日。

"你有没有可能打电话祝贺一下？"我妈妈问道，然后很快就对这个想法感到满意："太棒了，我们可以挂一个大屏幕，然后用 Skype 给你打电话！"

"好的，为什么不呢，也许可以带着所有的同事一起！"

在约定时间前不久，我为自己的允诺感到后悔。站内的气氛又变得有点微妙，越冬的艰难时刻已经全面开启，在每周的例会上我看到了一张张快快不乐的面孔。希普利亚轻轻推了推我。

"你去吧，问问大家愿不愿意参与你的祝福！人越多，越有趣！”

菲利普坐在我的另一边，听到了这个对话。

“什么计划？”

“我祖母过生日，我是 Skype 特别来宾。”

“唔，太好了，我们可以一起唱歌！用德语！”

事实证明，所有人都很热情。那些闷闷不乐的人也是。我们在起居室的屏幕上打开 Skype 软件，我所有的家人在聚会。他们全都盯着我和同事们，同事们也好奇地看着他们。

“每个人都可以用自己喜欢的语言唱！”我说道，然后我们就用 13 种不同的文本唱了生日歌，送给了远在 16000 千米以外的祖母。同事们也因此愉快了一些。任务完成。

第十章　正午的星辰

在极地的夜晚，每次探险都会有一种几乎持续的不安感……我们已经到了南极点：我们对彼此的陪伴感到厌倦，就像我们对黑暗夜晚的冰冷单调感到厌倦一样。

——弗里德里克·A·库克，《穿越南极洲的第一个夜晚》，1898～1899年。

希普利亚的广播。

"我是希普利亚。"

"我和卡门将去大气小屋。"

"收到。"

"天气又不是很冷了。"

希普利亚把无线电对讲机收好，看了看入口处的天气预报表。

室外温度：零下 74 摄氏度。我失望地点点头。我们体验过零下 80 摄氏度的低温后，就不满足于这种具有春天气息的温度了。

我扳开金属把手，抵住大门，大门发出的声音如同打开果酱罐一样。我每次都会因门外世界的阴暗而感到惊讶。今天的月亮很明亮，可以照亮我们的路。月光被风吹过的高低不平的冰雪反射，留下了奇形怪状的阴影。黑暗给人带来一种信任感，但要适应这种令人窒息的寒冷还需要一点时间。

我的靴子在干燥的雪地上发出吱吱的声音。我的脸上露出笑容，但在头套的遮盖下，没人能看见。过去一周，我都没有机会长时间离开科考站，因此，这次周末出行显得更加美好。我们穿过科考站下面的支撑柱，向大气小屋的方向走去。我们刚刚离开科考站几步，冰冷的寒风就在耳边疯狂呼啸。风钻进面罩和衣服的缝隙，拍打着我遮挡的严严实实的面庞。我的同伴在旁边蹒跚前行。

"今天的风有点清新。"

他的声音让我感受到，他正藏在头套里面笑。

"是的，吹得我眼睛发痒。"

我调整了一下面罩，感觉好多了。

20分钟后，希普利亚伸出手，他试图阻止我非常不优雅地向他的雪地桌跑去。距离大气小屋几百米的地方一共有四个桌子，它们用于针对雪花、冰晶的聚集和分散等不同的研究。

我们这时才把头灯拿出来。如果太早拿出来，在到达桌子之前，电池就会冻住。当这位冰川学家调试设备时，我开始辨认自己在板子上写下的字迹。首先我要判断天气情况。视距？能看到我的小手指，差不多。另一方面，我把头露出来，抬头往上看，看到了麦哲伦星云。嗯。

我转向希普利亚。他戴着头灯，跪在几米外的雪地上，正在通过放大镜观察冰晶。在等他的时候，我发现了远处的火星，红色的，正在闪烁。现在，我们可以通过火星确定去往大气小屋的方向了。空气也在闪光。微小的雪花在我周围跳舞，我的呼吸形成一朵朵白雾。狂风怒吼，世界奇妙。

"32厘米！"我身后传来一声呼唤，于是我开始记录积雪情况。

康科迪亚站之所以存在要归功于冰川学的探索。在建设永久性科研站之前，人们已经从夏季营地出发进行冰芯钻孔。这个项

211

目叫作欧洲南极洲冰芯项目（EPICA），其目标是寻找古代形成的冰层。冰芯研究恰如其名：通过强有力的钻头，冰层可以被穿透数千米深，于是冰芯得以定期被运输和研究。

我们脚下三千米处的冰层是过去 80 万年降雪的结果。通过重力的压缩，积雪变成了冰块。因此，冰是压缩了的雪，雪是冻住的水。冰层的含氧量可以透露出过去的气候变迁历史。氧可以以不同形态存在，即所谓的同位素。所有的同位素都由质子和中子组成。氧原子都有八个质子，中子数量可能有所差异，这样就产生了同位素。"较轻"的氧原子包含八个质子、八个中子，是最常见的形式。比较少见的是"重"氧原子，包含八个质子和十个中子。通过分析冰芯，可以确定轻氧和重氧的比例，进而推测过去时代的温度。一般情况下可以确定，气温越低，重氧含量就越低。

但测量积雪并不是冰芯钻孔研究中唯一的兴趣点。由于冰穹 C 的雪比较松软且层层堆积，其中可能包含一些气泡和灰尘。它们可以在冰中完好地保存下来。借此我们可以确定除气温之外的其他情况，如二氧化碳和甲烷含量等，进而进一步追踪 80 万年至今的南极气候变化。

如果回到多年以前，我们无法认出南极大陆。斯科特曾在横贯南极山脉附近收集了一些石头，上面可以看到蕨类化石。事实上，10 亿年前，南极大陆遍布森林、蕨类和充满异域色彩的植物；恐龙和有袋动物在河流和灌木林中穿梭。那时，南极大陆并不处在今天的极点位置，而是在相对更加温暖的纬度上。4000 万年前，它来到南半球，南美洲和澳大利亚从中剥离并向北漂流，这时南极大陆才被海洋包围。极风（Zirkumpolare Wind）首次出现，阻碍了能够带来温暖空气和水源的洋流到达极地。地理变化和全球气候变冷促进了板块运动。据估算，1380万年前，南极形成了与今天面积相当的冰原。

213

斯科特之后很久，人们在比尔德莫尔冰川上又发现了树桩的化石。恐龙时代的大气中温室气体含量明显高于现在。数百年来的火山喷发使得大气中二氧化碳和甲烷含量升高，地热升高，全球变暖，同时也引起了其他的变化：树木大量死亡，在彻底腐烂之前就倒在沼泽地中，被泥沙包裹。海洋中也发生了同样的事情：死亡的小型海洋生物沉入水底，因此也可以被挖掘出来。这些动植物身体中所含的碳元素逐渐消失在土壤中或者散发到空气里。当动植物消失在地幔下以后，被地热加热并挤压，最终形成了石油、天然气和煤炭，此时大气中二氧化碳含量正在降低。大气二氧化碳含量减少意味着地球开始变冷。一旦出现这种情况，就启动了另外一套机制。例如沼泽被冻住后就会将甲烷固定而不再释放到空气中。越冷的海洋就能够存储越多的二氧化碳。这些现象会导致地球进一步变冷，直到人类出现。

当我们开始利用石油、天然气和煤炭时，我们就再次将地球中固定的二氧化碳释放到大气中。融化的永久冻土会释放出更多甲烷。地球于是开始变暖，通过欧洲南极冰芯项目数据可以清晰地发现，当今大气中的二氧化碳浓度处于过去80万年来的最高水平。也可以看出二氧化碳含量和全球气温之间的关系：一个值升高，另一个值就会紧随其后。

214

通过冰芯我们可以确定大气变化与气候之间的关系，进而利用这种关系预测地球未来的气候变化。能够回溯的时间越久，预测的结果就越准确。冰芯项目结束以后，一个新项目启动了。新项目的名字是"超越冰芯"（Beyond EPICA）。新项目选择钻探的地点很重要：一方面要尽可能扩大钻探深度，另一方面要尽可能避开南极的地下湖（一旦穿透冰层并钻探到地下湖中，那么这里的水源就会遭到污染）。超越冰芯项目的钻探地点由飞机的雷达确定：研究者选择了距离康科迪亚站约40千米的地方，这里可以钻取到150万年的冰层。有意思的地方在于，大概100万年前，地球出现了气候的急剧变化（在那之前冰河纪每4万年出现一次，之后则每10万年出现一次），超越冰芯项目可以对这一时期的冰层进行分析。这类研究只能在夏季的两个月进行，其他时间机器无法承受低温。即使在相对不那么严苛的气候条件下，冰芯项目还是有一个钻头断掉了，因此不得不重新钻探。

冰芯项目钻取的冰芯被存放在图布塞德（Tubosider），即距离科考站不远的一处长条形冰洞之中。其内部如同一个陈列室：没有光线，恒定在零下50摄氏度，很多冰钟乳悬挂在棚顶，能够吸收掉所有的声音。一米又一米的冰芯被装在大盒子里保存。

希普利亚细致地记录好积雪状况和形态以后，我们继续向大气小屋出发。那里有很多雪样和不同的过滤装置。大部分实验室里的温度在零上几度，相比较温暖。大气小屋的一些房间甚至可以达到十度以上，因此最适合让冻僵的手指缓一缓。这里会用气泵从房顶的开口经过过滤纸吸入空气。过滤纸会阻隔大部分颗粒物。希普利亚会根据需要间隔不同的时间对其进行更换，有的是每天更换，有的是每周更换，有的是每月更换。这些过滤纸也会被冷冻保存并运送到欧洲以供分析。

我们离开大气小屋时，又一次进入了黑暗之中。大风在地上形成了雪脊，雪地出现了蛇一般的形态。质地通常很硬，有的甚至达到几米高。我们并不知道下一步会怎么样。希普利亚膝盖以下陷入了雪中，而我则摔倒在一个刚刚还没有看到的小雪丘上。狂风的呼啸、我们沉重的呼吸以及绊倒后时不时发出的"啊"声是整片雪原唯一的声响。

我站下脚步，大口呼吸。银河横亘在天上。星星在我眼前跳舞，火星近在咫尺地闪耀。一切都这么近，仿佛我再走一步就可以步入星河。我忽然打了个寒噤。希普利亚的头灯在闪烁，他走在我前面了。我现在是一个人在暗夜之中看无数的星光。忽然，空气变得更冷了，似乎它是趁着我不注意忽然变冷的。在这无垠的土地上，我心里忽然升起了一种恐惧，那是一种对于宇宙的敬畏。在这黑暗的冰原上，飓风不断形成，寒冷统治着一切，而我们不过是 13 个微不足道的小人物。这里没有任何东西可以显示，我们还在地球上。即便是星星也显得陌生。我意识到，这并没有给我带来恐惧，只带来了一些舒适感。我深呼吸着冰冷的空气，眼睛盯着天空继续前行。

在极地的夜里，康科迪亚站看起来就像一个无名星球上的空间站。回到温暖的室内后，我们像宇航员脱掉宇航服一样换下极地装备。

"来自卡门的广播，我们回家了。"

六月，我们开始为最大的节日——"冬至"做准备。6 月 21 日是传统的南极节日。当欧洲享受着一年最长的白天时，我们

216

为了最长的黑夜而庆祝——事实上，这种黑夜早在五月份就开始了，但至暗时刻恰在此时，从这时开始，太阳就要重新靠近我们了。

这个节日的确切历史不得而知。1898 年，"贝尔吉卡"号（Belgica）科考船意外被冻在了冰层中。船员被迫完成了第一次南极越冬。13 个月后，他们才将船解救出来，踏上回家的路。我猜测，或许这些船员就已经庆祝了冬至日。他们称这个冬天为"单调、绝望的日子"，而冬至则是"最黑暗的一天。人们无法想象更加灰暗的天空和更消沉的场景。"在冬至这一天，船上的水手猫南森（Nansen）去世。船上不可能有任何庆祝的气氛。

确凿可证的冬至庆祝来自 1902 年斯科特的南极考察。这个主意可能来自欧内斯特·沙克尔顿，他当时已经知道在漫长的黑夜中生活的多样性和分散注意力有多重要。从这时开始，南极就留下了每年 6 月 21 日进行庆祝的传统。大部分科考站都会充满热情地投入其中。

庆祝活动持续多久由各个驻站小组自行决定。我们决定庆祝四天，从 20 日到 23 日。这个假期以假日开始前一晚为庆祝安德烈生日而制作的奶酪火锅为开端。

"这一周不要计划任何事情"，一位有经验的督导说："不要做任何实验，什么也别做。就好好地享受假期。"

在庆祝之前几周，我们就开始了准备工作。随着日期的临近，大家的兴奋程度明显提高。四天的假日中，每天都有一个特别的主题，我们需要装饰、化妆、美食、音乐、游戏和娱乐。我们没机会去商店挑挑拣拣，于是就只能自己搞定一切。锻造室的灯光每天都亮到很晚，大家在里面缝制衣服，制作和涂画了很多图案，做了很多折纸动物和花朵，打造了各种头盔和装备，在储藏室里寻找荔枝和米粉，在服务器上搜索丛林和海洋的声音。我们一起度过了很多时间，学习并教授新技能，每个人都很忙碌。

首先，我们把起居室改造成了一片丛林。房间中满是纸张和纸板做成的充满异域风情的动物与藤本植物。我们都很喜欢这套装饰，因此庆祝结束后也没有拆掉。这些装饰一直在墙上挂到11月。

第一天的主题是"热带岛屿"。一大早，我就爬到椅子上，试图把热带鸟类图片和渔网挂到影音室的天棚上。希普利亚进入房间，慢慢地在房间里绕了一圈。他深呼吸了几次，仿佛真的能感受到大海的气息。他望向我时，嘴角忍不住颤抖：

"感觉像是过圣诞了。"

他说对了。我们像13个期待圣诞老人的孩子。节日前的几天，气氛非常放松，我们都有一个共同的目标，每个人都期待这会是成功的一周。

这时候，影音室的墙上已经盖满了网（之前是用来打羽毛球的），前面是一个沙滩吧台，上面放满了鸡尾酒。在另外一面墙上，我们投影了沙滩和大海的画面。尼格罗尼（Negroni）酒从一个自制的喷泉喷出，流到我们的杯子里去。屋子里还有很多沙滩色的抱枕，这样大家躺在（纸糊）棕榈树下会感觉很舒服。巧克力火锅给身体带来愉悦，古巴音乐则一直让人有跳舞的愿望。这个房间的暖气比一般情况下更加充足，这样我们就可以穿着泳装待在里面了。我们还组织了一场气球沙滩排球赛，日光灯在房间

218

里照的格外舒服。晚上，我们围坐在（假的）营火周围，讲述在遥远地方曾经发生的故事，然后慢慢地在棕榈树下睡着了。海浪的呼啸声还在耳边作响。

第二天，我们的主题是康科迪亚站小姐选拔。这个活动几乎每年都会举行，各位男士会化妆成优雅的女士来争夺比赛的胜利。为此，他们需要缝制衣服，一些身材比较苗条的男同事可以从柯林和我这里借用服装。有一个同事干脆在臀部围了一条围巾，上半身也只遮盖了很少的部分。柯林和我则扮演男性评委。雷米给我们展示了自己的帽子收藏——"这就可以把你们的头发藏起来"。他有很多帽子，就像我有很多茶包一样。柯林为自己的装扮搭配了一副眼镜和一撮胡子。他的头一动，胡子就会跟随节奏一起晃动。我用自己的一件衣服换了希普利亚的衬衫，用化妆品给自己画了胡茬。效果还有待提高。

"看起来怎么样？"我问柯林。

"看起来你好像刚刚很享受地吃了巧克力。"

"恐怕是的。"

柯林设计了很多语言和运动能力测试。男士们对这一晚的期待是有限的，在走蛋游戏*（Eierlauf-Test）时，一个鸡蛋碎在了地上。之后发生的事情再次显示了好气氛是多么的脆弱，一切都可能迅速在混乱中结束：碎鸡蛋的蛋液慢慢在地板上蔓延开来，一个没参与活动的同事把它清理掉了。另一个同事，一直处在爆发

---

* 走蛋游戏是部分基督教国家庆祝复活节时常常举行的一种游戏。参加游戏的人手拿盛有生鸡蛋或熟鸡蛋的汤匙进行赛跑，如鸡蛋途中落地，则需放回汤匙后再继续向前跑，率先到达终点者获胜。——译者注

的边缘，在看到这一幕时忍不住了。

"你自己弄脏的东西从来都不打扫！"他开始骂那个弄碎鸡蛋的同事。他们两个人大吵着进了厨房。厨房里有各种尖锐的工具，这让我感到紧张。我跟着他们，躲在角落里。忽然其中一个人把另一个人推到了墙上。我声势很大地走向面团搅拌机，以提示他们我的在场。这时候的讨论很难严肃起来，他们两个人都穿着戏剧化的服装，画着浓重的眼线。他们彼此分开来，弄坏鸡蛋的同事怒气冲冲地下楼了。考虑到他现在很需要支持，而柯林独自也能够很好地组织下一个游戏——凌波舞，我跟着他一起下了楼。我无法再说服他回到起居室。（"不过请首先帮我把指甲油弄下来。"）在我过去的路上，我一直在问自己，我们到底怎么了，为什么一个掉落的鸡蛋就能够成为冲突的爆发点。

庆祝的第三天是周五，吃过油煎薄饼之后，我们和迪蒙·迪维尔的法国团队进行了 Skype 通话。尽管信号很差，甚至看不清对方的脸，但是能够听到其他科考站的情况就很棒。我们彼此讲述了庆祝的情况。

"我们应该多联系"，迪蒙·迪维尔站的站长开心地说。

"我们这里好冷"，他们在告别的时候说道："今天零下 40 摄氏度，还有大风。疯了！"

"噢，"希普利亚友善地说："我们现在零下 79 摄氏度，下面几周估计更冷。"

然后，我们整个冬天都再也没有接到他们的电话。

晚上是高卢和罗马之夜。大家都穿着很有创造性的衣服。大部分人的服装都很相似。大家都带着剑、水壶和各种看起来很庄

220

195

严的装备。我用病房里的一些石膏绷带做了一个头盔，看起来很
适合高卢女战士。阿尔伯特用拉丁语做了演讲。在做了各种游戏
之后，我们又一起看了一部电影，看着看着就都睡着了。

冬至庆祝的最后一天是卡巴莱之夜。我们在客厅吃了烛光
晚餐，准备了各种各样的节目。音乐、问答、唱歌以及不同的游
戏。我们还有一个特别的着装要求：整体优雅、细节震撼。有一
些人理解错了这个主题，完全搞反了。我们在一起聊天娱乐一直
到凌晨。

各个科考站互发电子贺卡也是一个传统。在这一周里，我们
收到了来自整个大陆的十几张卡片，大部分都是集体照。于是，
我们第一次知道，除了我们还有哪些人在南极坚守。

一百年多年前，就有人类在这片最寒冷、风最大、最干燥的
大陆上越冬。尽管当今极地探索的关注点与当年有所不同，但所
面临的困难却非常相似。我们住在舒适的科考站里，不用帐篷和
结冰的睡袋，不用担心燃料和食物耗尽。我们不用写数年后才能
被收件人收到的信，而是用 Skype 和 WhatsApp 进行沟通。

通过新技术和生活条件的改善，大自然所带来的挑战不再那
么尖锐，取而代之的压力因素是寂寞：这片大陆上的人类住民。

我们要和之前并不认识的人一起住在这里，并保持长达九个
月的紧密联系。这些人不是我们自己寻找的，因此也无法预判他
们在隔离状态下的反应。

事实上，从心理学的角度出发，我们并不是每一个人都是这
种隔离环境的理想人选——这很快就显露了出来。一般来说这类
人还不止一个。在某些日子里，我不得不始终处于观察之中。最

难的是，我的工作要求我必须依靠每个成员的协助。某些下意识的威胁总是围绕在我周围。有的同事很快发现，自愿参与我的实验可以成为一种施压手段。

"啊，你是这样的看法。我不喜欢。那我下周就不来采血了。"

心理勒索在这里会呈现出一些有趣的形式。有人退出实验对现象研究当然有害无益。参与实验的人数越多，得到的数据也就越多。我很快就忘记我并不需要每一个人的数据。这并不是我个人的实验，而是欧洲航天局的实验。因此，多少人参与其中与我无关。我只是想出色地完成我的工作，得到好的结果。把参与实验放到个人层面并用作心里施压手段在康科迪亚站不是什么新鲜事。在出发前我听到一个传言，据说之所以选择年轻女士担任这项工作就是希望那些男性成员能够乐意出现在实验当中。事实上，我的前任实验员也说，她常常听到这样的话。

223

"如果你是男的，我早就不会出现在你的实验室了。"

我们不能对此想得太多，特别是在此时此地——深冬的康科迪亚站，不该如此。

持续进行避免冲突的交流有时候很有效，有时候则不太成功。对于参与实验情况和对于站内一般气氛来说，这种沟通都极为重要。但事实上的情况却始终消耗着我的心力。仅仅因为需要他人支持，就一直退缩并以替罪羊的形式出现，这让我感到非常疲惫。

"一定有人在你背后中伤你和你的实验，这种情况会伴随你整个冬天。在你疯掉之前，最好告诉他们，他们是怎样的蠢货。如果你受不了了，如果你感到压力——这种情况每年都会发生——就不让他们参与实验了"，我的一位督导在夏天时对我说。她曾亲自参与过一次越冬。她想了想又补充道："在一次越冬中，不可能一次性地把所有的事情都做好。也不可能同时把所有事情都搞砸。这是某个人曾经说过的话，我不记得是谁了。"

我只是在想，如果一个人退出了实验，那么其他人可能会效仿。几年前某次越冬时，就出现了这样的情况。八月时，整个团队只有四个人参与实验。（夏天到来后，参与的人数又多了起来。）

我从这些状况中学到了很多东西。它们使我更加强大，至少我是这样想的。幸运的是，并非所有同事都如此。有几个人过了几个月又恢复了理智，可以区分私人领域和工作领域了。

224　　　我们的厨师也面临了同样的问题：总是有人抱怨饭菜。他们很快就找到盟友。还好马可·S不太把这些抱怨当回事。

"哎，没事，有的人这样，有的人那样。我不会因此生气。"

他又教会我一些适应这些场景的意大利语脏话。马可·S的真诚和简单是这片白色荒漠的重要调剂。

第三个在工作中感到不适的人是希普利亚，我们的站长：他大多数时候都在忙着"灭火"。团结同事是他的任务，但他总是能成为每个人的靶子。大家总是能够出于各种原因感到不满。

我们在黑暗中的时间越久越深，我们的举止就越发奇特。最后一次在健身房跑步时，我看了一部电影，只有意大利语版本且没有字幕，我为自己感到骄傲。首先，我借助电影转移了注意力，不知不觉跑了一个多小时。我告诉自己，在南极大气条件下，这非常不容易。尽管我无法完全理解意大利语，但是我明白了电影的主要意思。然而，这种骄傲持续不了太久。

当我正喘着粗气、打算离开之前关灯，我拿起了电灯开关旁边的电话听筒，看到了数字键盘。真是尴尬。我一时间不知道该拨通哪个号码才能关灯。我在明亮的健身房里呆呆地站了几秒钟，手里拿着听筒，耳边响着电话的嘟嘟声，脑子里感到困惑。过了良久才猛然发现，我的想法完全是错的。我想了想深冬及黑暗对我的影响，然后才找到了开关。在我忘记这个经历之前，我急迫地想要找个人讲述这个故事。

"我几乎想不起来自己来康科迪亚站之前的生活是怎样的了。"

我的一位同事睁大了眼睛看着我。我打开联盟号模拟器的窗帘，恭喜他成功对接。然而他却仍然盯着前方，手里握着操纵杆，等待我的反应。我通过后面的窗子看到了模拟器里的星空。显示屏那么宽广明亮，我可以一下子认出哪里是火星。我收回目光，看着我的同事。他看起来非常疑惑，眼神中有某种迷惘。这个场景与早餐时他和我及三个同事一起聊天大笑时完全不同。我越来越经常发现，我们如果在团体里尽量表现出开心的样子——当我们独自一人时，或者接近独处的状态时，这层面具就会崩溃。我们会忽然感到不安、气馁、疲惫、受伤、迷惘。不知道为什么我的模拟驾驶舱总是能够营造这种气氛。有些同事干脆把这里当成了忏悔室。另一些人则把这里当成了哲学研究室。似乎下午的时候还有人把它当成休息室打起了盹儿。

过了一小会儿我说："是，我也是这样。有些记忆不太清晰了。康科迪亚站之前的很多事情似乎都不太真实。我们离之前的生活太远了。"

225

"是缺氧的原因吗？"

"嗯。缺氧、压力、隔离、越冬综合征、缺乏刺激……我想是所有因素共同造成的。"

226

我给他看了一些有关越冬综合征的研究，下载这些资料花费了几个小时的时间。里面谈及了在南极考察时出现的典型症状。所有的越冬者身上都会出现，有的人多一点，有的人少一点。1900 年，库克（Cook）在其关于"贝尔吉卡"号考察的书中首次记录了这些症状。

能够在自己和同事身上观察到越冬综合征非常有趣。这其中包括很多症状，心不在焉和困惑迷惘只是一小部分。我们当中的一些人变得非常敏感、攻击性强。其他的人出现抑郁或者波动情绪。我们所有人都难以集中注意力，同时出现记忆力下降、睡眠障碍等问题。缺氧和空气湿度低会加剧这些症状。

一个明显的表现是轻度精神恍惚（Trance-Zustand，又可以称作"远视"（Long-eye）或者"南极凝视"（Antarktisches Starren）。所谓南极凝视，这类似于越南战争老兵身上出现的"2000 码凝视"，其特点是面无表情，就像患者在盯着 2000 码的远方。我常常在科考站的某处碰到某个同事，坐在那里出神地望着远方。如果跟他说话，他就会表现得非常迷惘，或者毫无反应。南极凝视不会随着回归文明世界而立刻消失，它通常会存在很长时间。回到欧洲的几个月后，我还在火车上出现过因陷入南极凝视而坐过

227

站的情况。我忽然吓了一跳，不知道自己在哪里。

有几个同事身上的冷漠态度非常明显。这种情况也出现在早期的极地探险过程中。1894 年，南森乘坐"前进"号前往北极，

他在日记中描述过类似的情况：

"我的精神很迷惘，一切都陷入了混乱，我自己也是一个谜。我虽然不感觉累，但却觉得似乎被耗尽了。四周一切都是虚无，我的大脑如同一张白纸。我看着故乡的照片，感到无聊；我想想未来，又觉得无论今年秋天还是明年秋天回来，都非常单调……唯一能够帮助我的事情就是写作，试图在纸上表达自己，然后从外部的视角观察自己。是的，人的生活不过是一个接一个的情绪状态，一半是记忆，一半是希望。"我们 13 个迷惘的人不知道彼此是谁，不知道如何开灯，这似乎是一件很难想象的事情。每个人都有自己的表现方式。南极凝视经常出现，睡眠障碍、恼怒和迷茫也是。幸运的是，这些症状都不是持续性的。

越冬综合征是日复一日，处在压力状态下时难以避免的一种状态。这可能由三种因素引起：隔离、封闭以及极端条件。

前文已经提到，由于南极的封闭状况，在欧洲时可能被认为非常琐碎的小事会有变成大问题的趋势——经过数百次反复思索，然后带来戏剧性的变化。

和家人或朋友分别、缺乏情感支持、感官输入减少，还包括 228
性生活的缺失、欧洲发生的个人危机引发的无力感，都会造成隔离状态的问题。

我们与外界隔绝的时间越久，就越难以在科考站内长时间独处。康科迪亚站很大，但却总是能感到有人在你身边。我们在世界上最孤独的地方，但我们从没有独处的机会。隔绝在南极会带来的后果之一是，没办法避免不愉快的社交处境。我们每天都要见到彼此。小矛盾频频发生。隔离使大家无法只展示自己好的一面，在完全处于黑暗中的那几个月尤其如此。我们都知道，让矛盾升级并不是明智的选择，我们只能选择面对。这至少不会酿成太过戏剧性的事件。

正在不断变糟的环境是第三个压力因素：寒冷、黑暗、高原、低含氧量、低湿度。这一切都不同程度地困扰着我们。当我八月份为低温感到兴奋并和其他两位同事讨论是否还能够创造新的低温纪录时，已经有其他同事经过几周的寒冷和黑暗以后感到不堪重负了。

不仅是精神，我们的身体也需要适应环境。缺氧是使身体处在压力之下最明显的问题。即便是几个月之后，我们的血常规也没能完全调整好。在抵达南极初期的几个月，我们的免疫系统也处在比较脆弱的状态。过一段时间，免疫系统状态就会调整到另一个极端，所谓的"超射"（Overshooting）。如果这时候血液样本中感染了细菌、病毒或者真菌，那么免疫应答会反应的比较激烈。

更多其他的症状则出现在冬天，有的人身上出现了，有的人则没有。随着气温的变化，甲状腺的功能也会发生调整。甲状腺激素的异常会导致 T3 值异常并带来一系列反应，例如头痛频发。我的视力在抵达南极以后也很快变差，我们中有一些人都抱怨眼镜的度数不够了。

有一个同事毫无来由地出现了皮疹。皮肤因为百分之四的空气湿度而变得非常干燥，我们得使用大量的润肤乳。好处是：润肤乳能让我们回忆起久违的果香，例如葡萄味、椰子味、杧果味，因此涂乳液是一种享受。哪里没涂乳液就会出现皲裂，需要长达数月的时间才能愈合。有一个同事嘴唇上出现了这样的裂口，还有一个人鼻子有裂口，很多人手上都出现了裂口。

另一个困难是睡眠。夏天时我们已经听过了无数个失眠的康科迪亚站僵尸的故事。我们越冬组的很多同事都感到担忧，这不无理由。

简单地说，我们的身体适应了每天24小时的节律。这个生理节律靠计时器（Zeitgeber）规定，它调节了我们的"内置生物钟"。最直观的计时器是太阳的循环，它区别了白昼和暗夜。由于康科迪亚站光线条件特殊——夏天的三个半月全天候日照，接着是几周短暂的正常日夜交替，接着每天出现长时间的朝阳和日暮，然后是三个半月完全黑暗的冬天——我们的24小时节律完全被打破了。由于节律的错乱，与此有关的激素水平也完全发生了变化。就如同出现了长达一年的时差一样。

固定的吃饭和工作时间的社交计时器也会对我们的24小时节律产生影响。这就是我们为什么要固定时间一起吃饭的原因之一。只有技术组有固定的工作时间。其他人都可以自由分配工作时间，不过也有一些条件限定：我的工作时间取决于受试者的睡眠时间，希普利亚必须每天上午去测量雪量的变化，菲利普要每晚七点准时让气象气球升空。我们在南极的睡眠节律则在工作、社交和吃饭时间的影响下产生。

这些计时器看起来平平无奇，实际上却很重要。很多生理、心理和关系的参量都遵循这个节律。固醇类激素、褪黑素等激素的分泌，体温调节，心脏循环功能，情绪，记忆力和警惕性都与此有关。如果没有计时器，那么上述的参量都会陷入混乱。这会

230

影响我们的睡眠和身心健康。康科迪亚站还有低气压、缺氧、空气极度干燥等不利因素。比起光照循环，这三个因素对我们睡眠的外部影响更大。缺氧环境会对睡眠中的呼吸产生影响，低湿度会导致黏膜疼痛、夜间口渴和皮肤瘙痒。

231

在没有计时器的情况下，我们在康科迪亚站的生物节律发生了推迟，大概维持在 25.4 小时左右。由此每周就会发生接近 10 个小时的时间偏差，但这种偏差不是持续性的。一旦回到正常条件下，我们的内置生物钟就会重新与外部的计时器同步。

康科迪亚站的非正常环境正是使之成为航天模拟理想场所的原因之一。极地研究所的工作人员和航空器、空间站里的宇航员一样，没有计时器。在近地轨道上（如国际空间站）绕地球运转的航天员每天会经历十几次日出和日落。月球上一昼夜大概等于地球上的 29.5 倍。火星上的节律和地球相似，一天大概有 24 小时 37 分钟。火星和地球上的季节更替也十分相似，因为两颗行星的极轴彼此相似。

我们的睡眠会发生哪些具体变化呢？研究显示，深度睡眠可能会大幅减少甚至完全消失。深度睡眠一般出现在夜晚结束的时候，那么如果睡眠时间太短，深度睡眠可能就会消失。与此相对应，快速眼动期的时间会加长。总而言之，睡眠效果会变差，入睡时间加长，夜里醒来次数增加。

一般来说，体育运动会减轻睡眠问题。由于工作中的封闭和狭小，大家的运动量会变少，与此相应，夜晚就不会产生疲惫感。在水平面高度有效的手段，在康科迪亚站的缺氧状态下会失效。在晚上睡觉之前进行运动会很大程度上改变睡眠过程中的呼

232

吸状况，因此在剧烈运动后，我们睡眠质量反而会变差。

我们当中有几个人仍然能够坚持正常的睡眠时间，其他人则不得不在床上度过一夜加一上午的时间，直到中午左右才能开始新的一天。还有人夜里无法入睡，好在他们上午可以补睡两三个小时。在那些无法入睡的夜晚，莫雷诺变成了艺术家，除了画画之外，他还用铜线编织了小树工艺品、吊坠和其他给成员们的小礼物。我们第二天早上常常可以在工位上看到他的作品。

为了保证我的节律维持正常，我带了日光灯。其光线强度仿照太阳，可以提升整体的舒适程度。虽然很难判定这是否真的有用，但每天早上在实验室里能享受阳光的沐浴，我就已经感觉非常舒服了。所有人都有一样的感觉：我们每天早上起来都觉得自己没睡醒，没能得到很好的休息。即便我已经睡了八个小时，我仍然觉得自己睡眠不足、注意力难以集中。每天我都能看到有人在某个地方以某种奇怪的姿势睡着，在沙发上、写字台边、饭桌上，枕着书、笔记本电脑甚至是采血台。因此我们拍下了一系列打盹儿的照片，很快这个系列的照片就变得非常丰富。

越冬综合征、睡眠障碍、节律混乱和生理适应等问题之间的关联目前还没有得到充分的研究。为了克服这些问题，我们已经采取了一系列对抗措施，如蓝光治疗、适度运动等。有些措施有效，有些则没什么效果。

233

我们已经适应了持续性的睡眠问题。回到新西兰时我才意识到，睡好觉是什么感觉。但这个问题并没有一下子完全解决，回去几个月后，我仍然感觉自己需要补觉。

阿尔伯特每个月会给我们进行一次体检。我负责采血工作，可以和我实验所需的采血一起完成。实验室里有一台机器可以绘制血象。我们由此可以得出血脂、肝脏、肾脏等相关数据。每个月我都要制作一张写满了各种健康指数的长单子。我通常对分析结果不太满意。那些年轻且热衷于蛋黄酱的同事们的血脂情况，我已经见怪不怪了，但其他数值还是会引起我的深思。

"阿尔伯特？你有时间吗？"

阿尔伯特坐在写字台后面的病床上，正钻研一本厚厚的书。

"当然！"

他眨眼示意我进来。

"以防我忘记所有事情，"他指着书说道，翻开了一页插图，上面显示着如何给脱臼的肩膀复位。几个月后，我将会在某个时间点后悔自己没有仔细地看这幅图。

仔细观察可以发现，阿尔伯特看起来也很疲惫，和我一样。他很用力地打了个呵欠，我甚至都听到了下颌骨的响声。我指了指我单子上的血红蛋白值。

"我有点担心。"

"这是什么，超过了 19.5g/dl？"

"那台机器最高只能测到这个数值。"

234
"哦。"他深色的双眼扫过单子。"至少，其他的是正常的。我和这位纪录保持者谈谈。"

在缺氧环境下生活七个月之后，我们的血液还在试图平衡这种缺氧状态。血红细胞数量上升——数量越多，意味着将氧气运送到各个器官的机会就越大。我们实验室的设备无法直接测量血红细胞，而是要测量附着在血红细胞上、运载氧气的血红蛋白的数量。通常来说，血红蛋白数量越多，红细胞数量就越多。整个团队所有人的值都是偏高的。我的值升高了大约百分之三十，现在是 16g/dl。而 19.5g/dl 显然高于正常值，可能会带来威胁：红细胞数量增加意味着血液黏稠度会增加。血栓和栓塞的风险由此也会提高。在科考站的环境下，我们最好还是避免这些情况的发生。前述同事被开具了稀释血液的药剂。

所有这些症状都是持续性的，只有在离开南极后才会慢慢消失。它们会对健康造成一定的负担。

矛盾的是，从长远的角度看，越冬对生理和心理健康是有益的。周围环境越是极端，越冬就越不容易，对我们生命的积极影响也就越大，似乎只有那种"极地英雄"的感觉才能有一定的助益：那种经历过极少数人才有的事情的感觉。这是我们在冰穹 C 的一个收获。

235

有一天晚上，一位比较年长的同事坐到我旁边的沙发上。

"今年是我度过的最艰难的一年"，他一边嘟囔，一边捋了一下额头上想象中的头发。"我整天只想躺在床上。每一点活动我都觉得喘不上气来。冻伤很疼，心理上，心理上……这种隔绝太可怕了。"

我很想听同事们的倾诉。这样我可以清楚地知道谁需要一些理智，谁可以一起讨论。我觉得康科迪亚站还不错，但我很少大声讲出来。面对环绕我们的罕见景色，每个人的认知都是不同的——有的人认为这是黑暗，有的人则看到了星空。我们都不会简单地将之视为南极这个存在。我安静时会想：如果五十年后我回忆起来，认为这一年是我一生中最差的时光，那么我的一生该是多么的幸福。

六月底，当我看到布列塔尼行前会的照片时，我感到震惊。已经过去九个月了。我很惊讶地发现，照片上，我们每个人看起来都那么年轻。缺乏保养、极度寒冷让我们迅速衰老。有几个人体重下降了很多，面色苍白；有的人因为寒冷而出现皱纹、眼纹；头发和胡子变长了而且长得很乱。我们的目光也非常疲惫，然而冬天才仅仅过去了一半。如果我们已经不是过去的自己了，那么问题是：我们是谁？

第十一章　黎明

我们中有人在歌里唱道，黑暗将退去，和平将回归。我并不相信，世界会回到从前的样子，也不相信阳光会像从前一般照耀。

——哈尔迪尔，《指环王：护戒使者》（作者：J. R. R.·托尔金）。

236　　　　七月中旬，一个周日下午。

缺席的太阳是我们永恒的话题。有一些同事的脸上露出精疲力竭的神态，仿佛他们已经抵达了生命的尽头。为了鼓励他们，我说，我们不过是在世界的尽头而已。不得不说，我的幽默感有点严肃。

"我设想的世界尽头要刺激得多"，一个同事说："我们应该在更靠南的地方。"

我们之前的越冬者和研究都表明，整个南极冬天有两个月是疲惫、无助等症状最严重的时候，即七月和八月。这种现象通常被称作"四分之三综合征"（Dreiviertelsyndrom），因为如果把隔离时间分为四个阶段，它通常出现在第三阶段，无论隔离总时长是多少，在我们的场景下，这种现象就出现在七八月。造成这种症状的原因有很多。七月，冬至刚过，越冬任务已经过半。这
237　时的天气比以往更冷，直到八月中旬太阳都不会出现，越冬综合征的症状也处于最严重的状态。团队的互动每天都如同悬在一个丝线上。我们在欧洲的朋友可能正躺在沙滩上享受35°的气温。他们无法想象我们在地球的一极经历着怎样的生活。团队成员非常

不满。有的人因为缺少爱好，早就感到无聊了。即便是那些到此时为止将一切掌控得很好的人也变得非常敏感。在隆冬之中，有几名同事陷入抑郁。有的人每天大部分时间都待在床上。有的人会忽然从开心的状态变成暴怒的状态。有的人非常烦躁，对一切都感到神经紧张——尤其是黑暗和寒冷，也包括身边所有人，甚至包括他本人。很多人都没想到，我们会在这里面对自己个性中最为极端的一面。南极在我们面前摆了一面镜子。这里没有任何外界的影响，没有任何可以自我保护的伪装，我们只能面对自己，无论我们是否愿意。想要从这种极端的环境中逃走、从他人面前逃走或者是从自己面前逃走，毫无可能。实际上我觉得这个阶段非常紧张。以这种方式认识自己令人害怕、激动，有时候也令人不悦。南极会让我们的情绪和反应变得极端，但身处其中的我们却觉得一切都是正常的。

幸运的是，我们可以学习与这种隔离状态相处，可以试图改善状况，不必完全毫无掌控力地臣服于环境，但前提是，我们必须先意识到问题的存在。

作为唯二的女性，柯林和我是少数派，这一点在夏天的时候就有所显现。这期间，大部分同事已经明显对与女性的物理接触产生渴望。他们并不是想纠缠我们。很明显，我们不会允许这样的事情发生，团队整体也不会接受任何对柯林和我做出的不尊重行为。取而代之的是，缺乏身体接触带来的问题爆发在男性队员之间——打架的次数越来越多，尽管这些摩擦看起来更像是拥抱。我在夏季时就已经发现了凝视的现象，这期间已经越来越明显。有些同事时不时就失去了对距离的感知能力，总是给出一些

238

愚蠢的评论，不过大部分时候他们都能够巧妙地化解。

"当你对某人生气的时候，你就像一头狮子。"

随着剃刀的声音，希普利亚的头发落到了地上。理发前后的差别很大。这是我没有预料到的。应该是 1.5 厘米吧？等一下，他刚刚说了什么？

"不好意思，你说什么？"

"一头母狮子。你的声音会很低沉，语速很快。这样。"他演示了这种声音。然而效果却因为他的笑容而削弱了。

"啊。哦。好的。我还没发现。"剃刀把另一侧的头发也剔下来。

"好吧，我跟你说这些，是为了在别人为此做出闹剧或者感到害怕之前告诉你。你到底在对我的发型做什么？"

希普利亚笑了。显然毫不害怕狮子。至少当狮子给他剃头时，他从不害怕。

"不!! "

七个同事坐在起居室的沙发上，他们盯着显示器。那里出现了一幅奇怪的画面：画面卡住了。几个球员脚伸出来，球就在门前。空气里充满了紧张的情绪。弗洛伦廷跑去敲打电脑，但并没有用。这是世界杯决赛，法国对克罗地亚。我们尝试通过 Skype 看比赛。雷米的妹妹把笔记本电脑放在我们的前面尝试观看直播。然而，在如此紧要的关头，画面卡住了。然后就好像慢动作回放一样播放进球前的画面。年轻的法国小伙子们离开了房间。雷米则利用中场休息，一只手抓住我的脸，另一只手在我脸上画了法国国旗。下半场我们切换到了网络电台解说，情况好了很多。然而我却完全不知道情况如何了。我的法语水平还没有好到能够听懂充满激情的体育赛事转播。

"他冲向大门，气氛紧张，看起来机会很好。他瞄准了，然后……"

一片安静。

信号断了。有的时候，在听到解说员的即时评论前，我们已经在网上看到了文字直播。雷米、柯林和弗洛伦廷面色苍白。形势非常严峻。此时，意大利人正在桌子边上大声打牌——完全忽视了坐在沙发上的法国人这边上演的悲剧。法国人朝他们投去了恶毒的目光。至少，决赛不是在法国和意大利之间进行的，否则肯定要导致一场灾难。当法国夺取最后的胜利时，雷米眼含热泪，弗洛伦廷高声喝彩，柯林举起了酒杯，我们顺利地看完了颁奖仪式。

7月27日凌晨3点，室外大风、寒冷。大家都沉默着离开了科考站。冰穹C笼罩着一层浓雾。似乎出现了乳白天空（Whiteout）现象。我觉得我们看不见太多东西。我们趟着雪走出了一条通往天文实验室的路。我们要在那里爬上两个平台。我们颤抖着在那里停留了一会儿，看了看天上慢慢消失的月亮。它旁边就是火星，火星看起来很大，它上次距离地球这么近至少是十五年前的事情了。银河就挂在我们的头顶。远处绿色的极光是朝霞吗？我们所看到的一切都似乎都是透过了一层薄纱才能看到的。狂风将大雪从南极吹向康科迪亚站的方向。

"能闻到星光的味道"，一个身影在我旁边说道。

身后的激光雷达（LiDar）时不时会发出一道绿色的激光，

240

直冲云霄。这是菲利普的实验之一。激光束可以捕捉中间层粒子并研究臭氧层的变化。也有传言说菲利普借此联系地外生物，然而至今他还没有得到任何回应。至少他是这么说的。

当一部分人还在平台上兴奋地赏月时，第一波人已经消失在返回科考站的路上。我担心我们会慢慢丧失感知能力。月食、火星、银河、霞光的组合可能慢慢地变得毫无吸引力。当然也有另一种可能，即寒冷最终挫败了所有人。

1911 年，在跟随斯科特进行一次极地探险时，谢里-加勒德说自己愿意用五年的生命换取在英国的床铺上安睡一晚。当年夏天，斯科特和他的团队抵达了南极海岸线。接下来的冬天，他们一直在为考察做准备。斯科特很重视科研项目。除了去往南极点之外，斯科特还有一系列的计划：冬季之旅。团队的医生和科学家之一——爱德华·威尔逊有一个特别的目标：他想要在冬季徒步围绕埃里伯斯（Erebus）山 * 一圈，探访克罗泽角（Kap Crozier）** 的帝企鹅栖息地。威尔逊希望能拿到几颗企鹅蛋，因此必须在冬天前往。帝企鹅在冬天下蛋、孵蛋，雏鸟则在南极之冬快要结束的时候破壳而出。当时存在一种猜测，即企鹅是鸟类中最原始的一个物种。它们是在鸟类和爬行类动物的进化中缺失的一环。企鹅蛋中的胚胎可以对这种猜测进行论证。此前并没有

----

* 南极一座知名的成层火山，位于罗斯岛，于 1841 年被詹姆斯·克拉克·罗斯（James Clark Ross）发现。——译者注

** 南极最早发现帝企鹅聚居地的地方，由罗伯特·斯科特于 1902 年发现，其名字来自"惊恐"号（Terror）的船长弗朗西斯·克罗泽（Francis Crozier）。——译者注

任何人拿到过企鹅蛋。这可能是因为没人想过要在冬季为此而拉着雪橇、在南极穿行 100 多千米。亨利·鲍尔斯和谢里–加勒德陪同威尔逊进行了这次尝试。为此，他们花费了五周的时间，谢里–加勒德在书中给这次行程命名为《全世界最糟糕的旅行》。他们没想到自己会遭遇什么，也未对即将到来的极端天气做好准备。他们的帐篷足够温暖，可以融化睡袋和衣服的坚冰。当谢里–加勒德第二天早上准备出帐篷环视四周时，前一天因冰融化而变湿的衣服在 10 秒之内就冻住了。在接下来的四个小时里，他坐在雪橇上被固定在同一个姿势，动弹不得。从这一天开始，他们开始格外注意让帐篷维持在适合雪橇拉动的位置上，这样衣服形成的姿势可能相对舒适。四周一片漆黑，温度达到了零下 61 摄氏度，飓风一个接着一个。他们屡次掉落在冰川裂隙里，然后疲惫地爬出来。

242

这三个人勉强活了下来。谢里–加勒德写道："我不再计算我们每天多少次摆脱了死亡。"第二年夏天，三个人开始陪同斯科特前往南极点。在抵达南极高原前不久，斯科特命令谢里–加勒德作为最后一个折返小组的成员离开。只剩下四个人前往南极点，其中包括鲍尔斯和威尔逊。谢里–加勒德非常失望。他在接下来的几周里都在安置储藏仓里的食物储备，以便使得队友们返回的路途更为轻松——他并不知道，这几个人正在储藏点南方几千米处进行生存斗争。

谢里–加勒德把企鹅蛋带到了伦敦，但却没有引起很大的兴趣。当谢里骄傲地将它们交给伦敦自然历史博物馆馆长时，馆长非常冷漠地评论道：

"这里不是鸡蛋商店。"

他不情愿地接过企鹅蛋。几个月后，谢里–加勒德询问研究进展如何时，企鹅蛋已经消失了。可以想见，谢里–加勒德非常惊讶。在南极暗夜里经历了五周的跋涉，遭遇了全世界最糟糕的旅行，所有这些艰辛的理由凭空消失在了博物馆的档案里。经过长时间的寻找和斯科特妹妹的热心帮助，人们又找到了这几颗企鹅蛋。不过，威尔逊的理论被推翻了，企鹅胚胎上没有显示出任何从鸟类向爬行类进化的痕迹。

令人惊异的是，谢里–加勒德对某些南极时刻的描述和我们的经历非常契合。尽管两次科考之旅时隔百年，但南极所唤起的情绪却完全一致。这种感觉很奇妙。当然，如今的科学考察可能没有那么多戏剧性的瞬间，也不需要进行很多生存斗争，当然也没有那么多痛苦。但当我盖着暖和的被子、蜷缩在沙发里读这本书时，我仍然能够感受到当时的冒险离我们很近。

也会有一些日子，似乎所有人都不太正常。有时候科考站里的面孔和站外的天空一样晦暗；有时候工作如此漫长以至于我都没时间外出走走；有时候人们望向窗外无心看满天星斗，只关心消失的太阳；有时候我只想躺在地板上哭。

"如果整个站只有两个人该多好"，一个同事在某个下午说道。当时起居室只有我们两个人，其他人都回去工作了。他脸上挂着重重的黑眼圈，额头上还有一块尚未愈合的冻伤。他目光憔悴，头发散乱地挂在头上，声音听起来非常疲惫。

"我们可以去另一座塔了。"

"嗯……好主意。我们可能需要一两把斧头。但我们只有另一座塔里的床。"

"沙发很舒服，我们有健身房、冷库还有厨房。"

"当然。策略上说更重要。"

他站了起来。有那么一瞬间，我觉得他真的去楼梯间找斧头了。

然而他转向了吧台，走到咖啡机旁边：

"再喝杯咖啡？"

我失神地看着他做咖啡。如果只和自己喜欢的队员待在科考站该多好啊。但即使是那样也不会毫无矛盾。因为在他们中间也有紧张情绪，为了旧伤寻求报复，下意识的攻击性沉睡在我们身体的深处，时不时地会令人惊讶地爆发。权力游戏总会上演。随着时间的流逝，大家会越来越自私。如果表达出来以后就能忘记这些冲突就好了。但事实是，在寒冷的条件下，任何种类的伤口都愈合得很慢。

因此也不惊讶，有一天早上，某个同事抽完血后忽然从抽血台上跳起来无辜地问我要对他的血液样本做什么。

"我会对血液样本进行离心处理，然后再掺入不同的试剂。这些试管会在温水浴中浸泡六个小时。那边的试管则要直接放到冰块里面。小试管需要静置三小时，然后我会掺入大肠杆菌，接下来……"

"你能向我展示一下吗？我想看看。我可以跟着你一整天，给你提供帮助。今天我刚好有空。"

于是他就坐在我旁边看了起来。我交给他一些简单的吸移工作，这样我也可以获得一点帮助。他对此很感兴趣。我对他解释 245

我为什么要做这些步骤，告诉他流式细胞仪里混乱的免疫细胞分布都是什么意思。令人不舒服的是，今天所有人走过实验室的时候都没进来，走廊里走过人的频率也比平日高出很多。我感觉，似乎每次外面有人投来怀疑的目光时，我的助手都会提高音量？

"你太天真了"，我在午休的时候又一次听到这句话："你以为他有什么企图？"

"他想知道，他的血液被抽出来后会发生什么。那我怎么办呢，告诉他不能看吗？那是他的血，他是参与项目的志愿者。"

"啊，好的，我明白。但是他做这件事不是没有企图的。总之你要和他在实验室里度过一整天。这会带来希望。"

至少在这方面，在此期间任何人都不应该有任何希望。但我也意识到：我在上午时多次说明自己下午大部分工作是重复性的，然而他下午还是来到了实验室。

我想，这就像是舞蹈一样吧，当我又一次正直地看待我的同事时，有人在门口的方桌旁慢慢地倒了一瓶水。如同一种独特的鸟类交配舞蹈，这个过程会持续不断地维持一年。尽管对大部分人来说，这个游戏没有意义。

一年一度的南极奥林匹克运动会是法国科考站之间的和平较量。和平首先是因为我们距离彼此很远。在亚南极带群岛上，克罗泽、阿姆斯特丹和凯尔盖朗群岛的驻站人员会参加比赛；在南极大陆上，迪蒙·迪维尔站和康科迪亚站的驻站人员也会参加。在七月份的某一周开始时，大家会得到一份运动挑战清单。这一周结束时，我们会比较成绩并宣布胜利者。

开始时我们很有动力。这一系列活动以飞镖比赛为开端，关

246

于这项比赛在多大程度上可以算作"运动"的讨论让气氛热闹起来。我想起夏天时曾经在哪里看到过飞镖。雅克在影音室里找到了它。它被压在两箱圣诞装饰和一个电子小提琴下面。技术员从集装箱仓库拿了一大块木板，我们把圆形的靶子钉在上面，然后立在起居室里，此外还加上了一个奥林匹克飞镖标志。每个人都可以参与，取最好的三个成绩计算。第二天的比赛是无沙发靠墙坐（上半身贴墙，膝盖弯曲九十度）。到最后一个人也无法坚持的时候，比赛就结束了。经过无数个练腿日，我和希普利亚状态很好。这个比赛中大家的腿颤抖得非常厉害。和平板支撑相似：只有小臂和脚趾能够接触地面，身体需要通过核心力量进行平衡，腹肌需要保持紧张。不一会儿，我们就气喘吁吁地躺在地板上，等着柯林和希普利亚放弃。他们早晚也要放弃的。先是柯林，最后是希普利亚。他们比其他人多坚持了整整十分钟的时间。他们看似放松地在微笑，实际上内心在嚎叫（至少我是这么希望的）。

下一项是跑步机上进行的 3000 米赛跑，这让我们精疲力竭。最后一项是混合健身（Crossfit Einheit）。我们像木偶一样跳来跳去，大口呼吸着做卷腹、叫苦不迭地做引体向上。我们对自己的成绩很满意。

247

"我们的时间不错！"希普利亚在周五晚上宣布。"明天我们看看和其他科考站比如何。"

"我们的时间还行"，第二天拿到胜利者名单以后，他嘟囔着说。

"我们应该把各个站点的成绩按照氧气含量折算一下"，柯林说："那样我们肯定就在很靠前的位置了。"

在每个项目上，我们都远远落后。百分之六十的氧气含量肯定是造成这种局面的原因之一。然而，在飞镖项目上成绩也是如此。看起来其他科考站在入冬时就已经开始练习了。

隆冬之中，我们迎来了希普利亚的生日。通常我们会借此机会搞一次隆重的晚宴外加一点庆祝活动。由于科考站的气氛变得紧张了，我怀疑这次活动能否成功举办。下午，我一直待在厨房里和马可·S一起做千层蛋糕。

"最坏的情况就是我们三个一起庆祝"，马可·S边说边向我展示了蛋糕装饰物的制作方法。"我说的是最坏的情况吗？我觉得那是最好的情况。"

他笑着往嘴里塞了一把莓子。

组织工作的确并不容易。不过，食物对于我们每个人来说都有一定的权力，毕竟每个人都无法抗拒蛋糕。即使是那些已经陷入冬眠的人，也离开了自己的床铺。希普利亚开香槟的时候把酒喷到了整个起居室。（"这可能是气压太低的缘故"，他每次都这么解释，但是没人相信他。）

尽管我们经历了艰难的阶段，也出现了一些冲突，但康科迪亚站仍然很好。我们从之前越冬成员那里听说的大型戏剧性事件并没有出现。尽管我们当中有人认为在这里生活太过劳累，但我们已经算是一个成功的团队了。大部分时候我们彼此之间都讲话，也会一起吃午饭和晚饭。这两件事并不是一定能够做到的。之前出现过成员分成两队，每队只做自己的食物、分开吃饭的情况。此外，我们还随时准备着支持同事的工作。如果有人需要帮

248

助，无论是进行一次访谈还是出去挖冰铲雪，他都能得到帮助。尽管总是会出现一些小冲突，但我们慢慢学会了如何处理这些问题。

"我必须表扬你们。你们的团队运作非常好，我们从没见过这么好的团队"，意大利心理学家对我们说。当然，她也可能每年都这样讲，不过我觉得不是这样。

某个周一早上，我正在去往实验室，身后忽然发出一阵声响，应该是什么东西掉到洗手池里去了。我惊恐地意识到是什么出了问题。那是需要分析的尿杯里面的东西，顺下水道冲走了，朝循环装置的方向流去。我内心一阵恐慌。我的目光仍然无法从洗手池离开。哦，不要。不，不，不。我对去年夏天发生的事情仍然印象深刻。大家刚洗完澡时的不幸表情。洗完手之后的味道和刚洗完的衣服的味道：一切都有铵根阳离子的气味，因为循环系统无法过滤铵根阳离子。夏天时可能是因为有人在冲澡时因无意或者不知情小便了，但实验用的尿杯里的容量要远远多于膀胱里的量。那里面有我们过去 24 小时里收集的全部尿样。

249

冬天，我们很少对循环水进行彻底地更换。这项工作量之大，堪称奢侈。如果水开始变臭，那么我们就等于在面对一次小型危机。这可能会发生一次迫害。我该不该提前警告水管工人呢？想着想着，我的心情更糟糕了。他目前情绪不是很好。他的笔记本电脑几天前因为静电火花烧坏了。另一方面，无论如何，我们对这种情况都是无能为力的。于是我选择了一个胆怯的方案：看看接下来会发生什么。本周结束时就要进行下一次水质检测，其中也包括铵根阳离子含量测量。到时候就会知道我的笨拙造成了多大的影响。我清理了洗手池，以免我的实验室发出像午夜的维也纳急诊室一般的味道。接着，我尝试忘掉这件事。

然后，什么也没有发生。接下来几天，我每次去洗澡时都小心翼翼，但没有发现水的气味有任何异常。我刚刚洗过的衣服也非常清新。没有人抱怨水蒸气的问题。下一次水质检测的时候我也没有发现明显的铵根阳离子含量变化。夏季事故的时候，铵根阳离子含量出现了明显的上升。是因为剂量较小的缘故吗？于是我产生了一个疑问：当时到底有多少人在洗澡的时候撒了尿，才能引起那样的后果？

到了数月之后、太阳应当第一次升起的那一天，当我早上打开科考站的大门去拿实验用的雪箱时，我仿佛进入了一个白色的恐怖之境。一阵大风把门从我的手中吹开，然后把我吹到了楼梯的扶栏上。雪片在我脑袋周围翻飞，大风让我无法呼吸，科考站前面的集装箱已经无法辨认：乳白天空。费了好大的劲儿，我才终于把门关上。我激动地爬上楼去吃早饭，在那里遇到了希普利亚。

"我想去散个步。"

"我也想去出。外面简直是末日景象。"希普利亚笑着说。

"就绕着科考站的柱子转一圈？"

"好的。不走太远。去看看是不是真的出现了乳白天空。"

在乳白天空的情况下是禁止离开科考站的。作为站长，希普利亚需要确定何时实施禁令。人们迷失方向、找不到回科考站的路的概率很高。这种情况发生的往往比预想的要快。在乳白天空的气候条件下，所有的景观都会呈现出无法看穿的白色。地平线会消失，天地难以分别。所有的东西都没有影子。幸运的话，能见度可以达到几米。由于我们辨认自己的足迹时很大程度上也依赖于阴影，所以一旦出现这种气候条件，我们就不可能按照自己的足迹找回去。

室外果然是末日景象。狂风呼啸，四处覆盖着厚厚的雪花，科考站立柱的另一侧什么都看不见。没有集装箱、没有帐篷、没有电缆，什么都没有。乳白天空就像是一面静止的、白色的墙。这种景象之狂野令人印象深刻。希普利亚和我磕磕绊绊地走过雪丘，但这里昨天还是一块平地。我们的头顶完全被一片云罩住，连康科迪亚站的屋顶都看不到。当我们终于回到科考站里面的时候，狂风似乎还在我的耳边呼啸。我们在起居室里喝了咖啡。窗外的景象和风暴的怒吼让我们在短暂的几个小时之内无法忘记。我们和外面的苦寒仅仅隔着薄薄的墙。

这一天，我们没有看到太阳，尽管它确实出现在了地平线以上。我们被一团白色笼罩住了，直到一切又重新陷入黑暗。

第二天早上，风暴已经平息，我陪希普利亚去了大气小屋。这一天是 8 月 11 日，刚过 12 点，我们看到三个半月以来的第一缕阳光出现在地平线上。暗夜功成身退。

我不自主地笑了起来。我沉重的脚步甚至变成了轻快的舞步，仿佛阳光从我的肩膀上带走了很重的担子。当然，我多少还是有一点伤感，因为黑夜彻底过去了。这说明，冬天也很快就要结束了。当然距离结束也还有一段时间——我们还要度过疯狂的三个月。但是我觉得极夜还可以持续得更久一点。我们当然可以直接说，大家在重现天日的时刻露出了微笑。然而没过几个小

251

时，太阳就又落山了，冰穹 C 又一次在星辰的笼罩之下，这让我感到一丝安慰。黑夜仿佛是我们的保护罩，它没有任何威胁，我们对它熟悉且信任。但我不能将这种感觉表达出来，因为只有少数人和我有着同感。这天晚上，我悄悄地和希普利亚分享了这种感受，他笑着说：

"你们都很特别，你和南极。"

第十二章　太阳的回归

极地罕见的吸引力到底从何而来，它如此强大、如此执拗，以至于我们在返回欧洲以后很快就会忘记身心遭受的痛苦，满心只想着再次去往极地？这些虚无的、令人恐惧的景致从哪里获得这种史无前例的魅力？

——让·巴蒂斯特·夏科特，《法国人在南极》，1903～1905 年。

"休斯敦，我们有麻烦了……视频连接！"

我朝希普利亚看去。他开心地笑着对麦克风说道。其他成员听了这段话都没反应过来。休斯敦的技术人员也是，他通过监视器看了看我们，然后带着更大的乐趣转向了咖啡杯。

"一旦你们能连线，我们就和你们联系。"

同事们不耐烦地冲到起居室坐在沙发上。所有人都到齐了。没有一个人穿着睡衣裤。屏幕显示着我们自己的画面。我旁边的同事整了整凌乱的头发，对着屏幕看着效果。雷米微笑着抚摸着马可的光头，仿佛要对它进行抛光一般。安德烈给大家发了一圈

巧克力。屏幕忽然黑了。

几秒钟之后，有个人出现在屏幕上，慢镜头似地翻了个筋斗，然后漂浮着向我们打招呼：

"嗨，DC-14！在我的大陆上感觉如何？"

他在我们上方四万米处绕地球运动：那是亚历山大·格斯特，德国宇航员，他几个月前进驻了国际空间站。

"十分钟之前我就能看到你们，也能听到你们说话，不过你们好像现在才能看到我！"

　　他笑起来。我们惊诧地看着彼此，每个人在这位搞笑的国际空间站宇航员面前都试图回忆自己在过去的十分钟里有没有说什么尴尬的话、做什么尴尬的事。

　　"不仅是我，还有几个同事也想跟你们打个招呼，可是他们还有工作……让我代为问候！"

　　……在那些有趣的国际空间站宇航员们面前。好的。

　　我们准备了问题，但格斯特似乎只想闲谈。

　　"我真想和你们换位一周。"

　　"我们也是。"

　　我们像小孩儿一样津津有味地看着失重状态下的图像。九分钟后，对话结束：国际空间站消失在视野中，信号切断。

　　"哦，这太棒了！"所有人在对话后都焕发了活力。即使是那些听不太懂英语的人也很兴奋。宇航员用自己的热情点燃了我们。

　　我们的攀岩墙项目即将竣工。从夏天开始，菲利普和我就在策划此事。我们从欧洲带来了200多个抓手，花了无数个晚上来制定计划，寻找各种木板——最终赢得了弗洛伦廷的支持。我觉得他是不相信我们自己能够完成这件事。他毫不留情地批评我们的草图，敦促我们进行完善。墙面要稳定且美观，这样未来的冬季驻站小组也可以从中获得乐趣。 254

　　八月份，我们终于开始施工。弗洛伦廷没有放过任何给我们提供帮助的机会，结果是他独自完成了大部分工作，菲利普和我则总是站在旁边给他递板子和螺丝刀。菲利普有时候弄坏了一块好板子或者我不小心在地板上钻了个洞时，弗洛伦廷就会轻声质疑我们是否胜任助手的工作，但总体而言他对我们的工作非常满意。最后一天，他甚至在工作的时候还哼着小曲。雷米认为这是一个可以安全入内的信号，然后给我们拿来了自制的巧克力牛奶冰淇淋。

成果是：在两根钢柱之间出现了一面木质的攀岩墙，上面嵌着凸起、彩色抓手，下面还放着一些旧垫子。冰穹 C 的第一次攀岩近在眼前。

随着光明的回归，科考站的气氛也有所好转。由于见到了太阳，我们显而易见地感到了轻松，也为战胜了黑暗而感到幸福。有些同事的行为转变巨大：比如一位脾气烦躁的同事忽然变得非常友好。他会忽然气喘吁吁地出现在实验室，只是为了向我问好。晚上，他也和我们一起出现在起居室里，伴着莉莉·艾伦（Lily Allen）的歌，他居然跳出了灵活的舞步。

太阳光居然能给人带来如此之大的影响，这真是令人惊异。255 但太阳的回归只是个假象。我们所有人都期待着天气会转暖。当然这只是幻想，而且会带来危险：上周我们达到了零下 80 摄氏度的低温，但体感温度甚至像是零下 100 度。尽管我们此前已经学会了如何在低温环境下生活，但现在我们又一次遭遇了冻伤。

八月是南极最冷的月份之一，也激发了我们创造新的业余活动的灵感。我站在大气小屋入口前，手里拿着一个装满热水的暖瓶。暖瓶冰凉，一旦有几滴水溅出来，就会在外面结冰，沾到手套上也要结冰。天哪。

"好的……三……二……一……冲！"为了可以不摘下手套，希普利亚掀开头套、用鼻尖点开了手机上的视频录制功能。

　　我伸出手来，将暖瓶在我头上高高荡起一个半圆。沸腾的水随着嘶嘶声流出。水滴一旦接触到寒冷的空气就凝结成冰晶，一片闪亮的云从头顶倾泻而下。太棒了。这叫作姆潘巴现象（Mpemba-Effekt），在这个过程中，人们可以看到沸水迅速冷却的过程。如果我泼的是冷水，那么我就会被浇湿。

　　做完水实验不久，我和欧洲航天局取得了联系：

　　"你们还想冻什么东西吗？有意思的？"

　　当然了。我们有很多有趣的想法。受午餐的启发，我们拿着意面出发了。在科考站的天棚上，意面只需要几秒钟就冻在了勺子上，几根面条仿佛悬浮在空气中。我们的眼睛在发光。

256

　　"我们还需要更多想法！还有什么看起来会很酷？"

　　我们和严寒做起了游戏。把一切可能的东西冻住，也尽可能让一般不可能的东西冻住。煎蛋、拉克莱特奶酪、巧克力酱面包、蜂蜜土司。有的东西很快就冻住了，有的东西则需要一分钟的时间，难以想象的漫长。肥皂泡刚出现缤纷的色彩就会被冻住。它在空气中飘浮，直到碰到小冰晶破裂开来。

　　9月7日的晚上，我们收到了一条消息：第二天要举办一个名为"为气候进军"（Rise for Climate）的项目。在这个项目名下，全世界共注册了900多场活动，其目的是敦促政客关注气候变化问题。当我们告诉主办方，驻站的大部分人员愿意参与活动之后，他们同意将我们的游行认可为官方活动。他们很高兴，由于我们的参与，这个项目在所有的大陆上都有了代表。

　　为了南极游行，我们做了海报——结果导致了一个医疗紧急情况：由于马里奥边剪裁纸板边讲故事，同时还做很多手势，结果戳到了莫雷诺的手上。一声尖叫响彻房间。莫雷诺愣住了，盯着自己的手看。一道深空色的鲜血不急不慌地从惨白的皮肤上流出。莫雷诺看罢，叹了一口气，小跑着冲向了走廊，另一只手紧紧地抓着受伤的手。我们听到他的脚步声又回到了楼梯间。马里奥冲过去大声喊："太对不起了!!!"希普利亚和我紧随其后。找到他们的路很容易。莫雷诺的血滴在了地上。在医务室，阿尔伯特似乎很欣慰：

"终于有事做了！"

我看了一眼莫雷诺的手，阿尔伯特试图在两厘米的伤口上缝上尽可能多的针。

"你也想试试吗？"他兴奋地问我。

我本来想说是的，但莫雷诺对这样的行为毫无兴趣。

海报做完了，我们出发了（莫雷诺没来，因为他"需要休息"）。我们从科考站走到南极冰芯项目帐篷，这里的冰芯正好可以作为气候变迁的象征。气候变化在南极是无所不在的话题。大陆的另一边——南极洲西部，是地球上变暖最快的区域。在东海岸，即迪蒙·迪维尔站附近，也出现了气候变暖造成的后果：海洋条件的变化和海洋冰层的分布对帝企鹅的栖息地产生了影响。相比于五十年前，栖息地的面积已经缩小了一半。小阿德利企鹅受到的影响最为严重。去年，聚居地中 18000 对企鹅繁殖的后代只存活了两只。当迪蒙·迪维尔站的研究者今年春天想要拍照记录时，他们发现了数以千计的饿死的小企鹅和被抛弃的企鹅蛋。四年前曾经发生过相似的情况，那年一只小企鹅也没有幸存。阿德利企鹅以南极磷虾为食。为了给自己和幼崽寻找食物，企鹅

父母需要能够进入海洋。变暖的气候使得南极海洋条件发生变　258
化，进而对栖居于此的动物们产生了致命的影响。一方面，海岸
线附近的冰川会消融，这导致附近海域表面形成咸水和甜水的混
合物，这种混合物很容易结冰，进而造成海冰量增加。另一方
面，气温的升高还会导致冰山的断裂，这也会导致海洋环境的
变化。由于近年来海冰不断向北扩张（达到了 100 千米），企鹅
在觅食时不得不走更长的路。它们的栖居地甚至还会下雨。刚脱
壳的小企鹅的羽绒不能防水，它们身体被淋湿后，就不能保持正
常体温。当它们的父母觅食归来时，大部分的小企鹅就已经饿死
或者冻死了。尽管已经发生了很多类似的情况，但是仍然无法确
证，这就是气候变迁造成的，但有一点是确定的：只要气温不断
升高，这种事情发生的次数就会越来越多。

　　在过去十年里，南极冰盖融化速度增加了两倍。目前，整
个南极大陆每年会失去 2520 亿吨冰块。几年前，有一件事曾引
起了轰动。2002 年，南极半岛冰山附近的拉森 B 冰架（Larsen-B-
Schelfeis）出现了大面积裂缝。裂缝越来越大，最终该冰架坍塌成
数千个小块。有一组冰山碎片向北飘去。人类此前从未观测过大　259
面积的冰架坍塌。从大约一万年前的亚冰期开始，拉森 B 冰架就
一直保持稳定的形态。理论上说，冰架的融化不会对海平面上升
造成直接的影响，其以北的地区也未观察到影响。冰架一直在水
中漂浮，占据液态水的位置，因此其消融不会带来直接影响。然
而，它们的形成是因为受到来自大陆的冰舌的影响。对于冰川来
说，冰架就像一个瓶塞，可以阻止冰河的前进。如果瓶塞被拔掉
了，那么冰块就会快速地从陆地流向海洋，这会在很大程度上造

成海平面的上升。

拉森 B 冰架的遭遇在南极并不罕见。半岛冰山附近的很多冰架都在断裂。如果南极最大的两个冰架——罗斯冰架和菲尔希纳-龙尼（Filchner-Ronne）冰架都出现了类似的情况，那么我们的海平面可能会面临上升数米的风险。南极西部尚未得到很多研究的阿蒙森海（Amundsensee）已经有三条不同的冰川直接流入大海，没有任何冰架的保护和阻拦。

冰穹 C 尚未融化。这里是冰原的高点。冰川移动极为缓慢。康科迪亚站每年只会向海岸线的方向漂移几厘米。康科迪亚站的驻站人员也因此变得很冷漠。长达数月的睡眠不足表现越来越明显。只要有可能，我们都会在午饭后进行短暂的小憩。

欧洲已经选出了明年前来越冬的人员。极地研究所请求我们和继任者们进行一次视频会议。他们每个人都充满期待地看着镜头。

"真羡慕你们"，我们其中一个人在致辞中说："你们还有梦和幻想。我们所有人都没有了。"

镜头内外，所有人都斜眼向他看去。

九月底，我们分别和英国、奥地利的学校举行了一次视频会议。两次会议都用英文进行，有时候也会说点意大利语。我不确定，两个国家的学生们理解了多少我们带有浓重康科迪亚站口音的语言。至少所有的参与者都很热情，我们也很幸运，又一次和文明世界取得了联系。

英国学生来自一所教会学校的八年级。一个小女孩想知道我们在圣诞节做了什么。希普利亚把话筒递给马可·S，但他很快就后悔了：

"啊，我们喝了很多酒！我，我整天都在工作，但其他人，他们中午就开始喝了，一直都停不下来。我们很开心，跳舞，办酒会！"

孩子们睁大了眼睛。我们当中也有几个人投去了震惊的目光。有人试图从马可·S那里拿走麦克风。我则一直试图保持优雅。马可慌张地站起来，试图展示我们外出之前要穿什么衣服，借此转移注意力。他一如既往地带来了自己的全套装备。柯林拿起麦克风，解释了整个流程。她想不起保暖内衣和粗呢毛衣用英文怎么表达，于是就解释道：

"啊，通常，他呃……穿内衣，在外套里面，但是今天，没有，今天他里面什么也没穿。"

显然，孩子们很高兴和我们聊天，但老师们怎么想，我就不能确定了。我们缺乏关于社交互动的练习。

冰穹 C 的怪事之一是伤口愈合很慢。我们曾经受过冻伤的地方依然还有深红色的痕迹。特别是双手和脸这种容易暴露在寒冷中的部位。我们对疼痛的感知也随着时间发生了变化。我越来越敏感：如果有人抓住我的胳膊，我就会感觉很疼。仿佛我的肌肉燃烧起来了。我冻伤的手指也会开始疼。如果我快速跑动时冻伤过的手指碰到某个地方，手指里面某个地方的疼痛也会一跳一跳地出现，并可能持续几个小时之久，然后又会发痒。我无法明确地解释这种情况，只希望回到正常的大气环境时可以恢复正常。此前的越冬者曾经跟我们讲过，回去以后，伤口会在很短地时间内神奇地愈合。

261

九月份，我们花费了很多时间用于制作食物。可能是因为这段时间我们的厨师格外有动力。某天晚上，他举办了一个小吃品鉴会：用立食自助餐替代了一般的晚餐。每个人要出一道菜品，于是就产生了很多美味的小吃：虾子鸡尾酒、面条沙拉、苹果鲱鱼卷（神奇的是，我们当时已经没有苹果了）、牛奶甜饭、贝类杂烩、鞑靼牛排、杏仁冰淇淋、肉桂卷等等。这项活动让交流变得更加轻松，气氛比平常轻松很多。餐会之后，大家还轻松地跳了舞，连安德烈都去了舞池。雷米打开了迪斯科灯光，几分钟之内，我们又因为缺氧而大口喘起来——但很开心。这周的周五，我没给自己安排任何实验，因此很晚才去吃早饭。我碰到了马可·S，讨论起鸭嘴兽和涂鸦等话题。他忽然停下来。

"呼，你说，不久后是不是到啤酒节了？我们可以庆祝一下！做点儿典型的啤酒节美食！"

我们查过以后发现：第二天慕尼黑啤酒节就要开幕了。我们立马开始准备，这种氛围也感染了路过的弗洛伦廷。他笑嘻嘻地说自己负责音乐。我有点担心。

第二天，希普利亚和我埋头制作扭结面包和果馅糕。马可·S和弗洛伦廷则在准备各种香肠和酸菜。弗洛伦廷还在整个楼层里插上了蓝白相间的巴伐利亚州旗。我们感觉自己对南极气压条件下的酵母用量非常无助。于是，我们一共制作了三个扭结面包用的面团，其中两个都有很浓重的酵母味，第三个味道比较好。

充满乐趣的四个小时以后，起居室非常热闹，我们仿佛要迎接一群维京人来庆祝：肉肠、成堆的酸菜、大量的扭结面包，当

然还有啤酒。饭后甜点是一堆果馅糕配杏肉果酱。我们放了大概
十五分钟的传统音乐，直到弗洛伦廷自己也觉得有点困扰了，我
们才从中解脱。

　　另一场味觉盛宴是马可·S和他厨师学校的老师们一起组织
的一次晚餐。这是一种实验。他们给马可·S发布了各种指令。
当老师们得知我们没有沙拉蔬菜和玻利维亚有机可可豆时，起初
感到了一阵失望，后来则致力于利用现有的食材。在这次晚餐前 263
两天，我和希普利亚在散步时遇到了马可·S，他跪在科考站旁
几米深的雪地里。

　　"嗨，马可·S。嗯……你在干吗？"

　　"我把鸭子埋了！"

　　"唔，这样。"希普利亚和我短暂地看了彼此一眼。

　　"嗯，为什么呢？"

　　"我们学校的晚餐……他们希望，鸭肉在处理之前先放到雪
地里冷冻48小时。"

　　一只在冷柜里已经冻了六年的鸭子，再冻两天会有什么效
果？这个问题险些脱口而出，但当我看见马可的表情时，我忍
住了。

　　晚餐这天，我们先和学校的厨艺老师们打了Skype电话，他
们为我们解释了这些菜品背后的哲学意义。然后我们就开始享受
各种美食，有沙拉三明治、鸭子、香料汤锅、西兰花配橄榄沙丁
鱼、烤菜花、抓饭、香醋肉桂、苹果酸辣酱。饭后甜点有：巧克
力酱、红梅冰沙。冰是南极冰芯挖掘时剩下的，大概和我们出生
的时间差不多。然而，它有点太硬了，咀嚼时可能会发生意外。

过了一会儿，有人拿了一盒雪进来作为替代。我们把冰和雪混在一起，创造了一种全新的冰雪甜品。

几天后的晚餐前，桌子上忽然多了一箱红色的水果。我进入房间时，已经有一小群难以置信的人围在周围了。大家好奇地观察着这些引人注意的东西，我也从人群的缝隙中观察着。

"这是……草莓？"

有人点点头。"我想，是的。"随之而来的是一片戏剧性的沉默。这怎么可能呢？我们好几个月前就只有罐装水果了。

还是没有人敢尝一口。我们身后忽然有人冲刺一样的跑上来。

"它们在哪儿？"

他看到了我们，冲向我们，在箱子前面刹车时，几乎失去了平衡。

"草莓！不可能。不。这怎么可能？"他震惊地环视一圈，看到的是我们同样不可思议的表情，他扯了扯自己的头发，大喊道："马可·S！"

马可·S也刚刚走进这个房间，手里拿着一盒意大利面。

"怎么了？"

"这怎么有草莓？"

"哦，我今天在零下20摄氏度的冷库找到的。我想，我们今天有一份上好的甜品了。"

那位同事坐到沙发上，把脸埋在手里。我大概听到了啜泣的声音。

"你找到了多少？"我问马可·S。

"下面有成吨的存货"，他小声说。所有同事整晚都处于震惊当中。这一天的晚餐是最安静的一顿饭。直到有人的目光忽然离开盘子，说出了大概每个人都在思考的问题："我们怎么可能从二月至今拥有成吨的草莓存货但毫不知情呢？"这个问题引起了激烈的关于草莓的讨论，甚至持续到了第二天。

265

我听到隔壁广播室有一阵响动。通常有人要用无线电告知大家即将前往大气小屋、美国塔或者其他的外部实验室时才会发出这种声音。冬季越是接近尾声，响动就越是频繁，毫无道理。我没有继续关注这种声音。据我所知，我们的广播员马里奥此刻正在厨房，因此今天上午实验室楼层只有我自己。在下一个试管里放 20 微升缓冲剂 B 用以标记免疫细胞。咔咔咔……隔壁又响起来了，好像在拍摄黑武士电影似的。可能是马里奥在？我换了一个吸移器吸头。经过这个冬天，我们中很多人都可以娴熟地扮演黑武士了。我们受到黑暗力量的诱惑。咔咔咔……

"嗨？"

我拿着吸移器的手僵住了。什么？嗨？

"嗤嗤，嗨？"

有人在跟我说话。我溜进广播室，小心翼翼地看了一眼。空的。谁在说话？

嗤嗤……我产生幻觉了？科考站居然有个陌生声音。几个月来，我都没有在这里听到我们 13 个人之外的声音。我想，甚至我们 13 个人的声音我也不是每个人都常常能听到。

"嗨，能听见我说话吗？"

我盯着无线电设备。是的！我能。但是为什么呢？通常来

237

说，其他的科考站距离都很远，无线电是无法交流的。

"咳咳咳……斯科特咳咳咳，这是斯科特啵啵啵，请回复。"

斯科特在呼叫？他本人？嚯。我或许更期待他以鬼魂的形式出现。通过无线电？啊，好吧。

"咳咳……斯科特站，这是斯科特站，请回复。"

可惜，不是斯科特本人。斯科特站是新西兰位于南极海岸线的科研站。在我看来，这种无线电通讯似乎是飞机前来的一种尝试。对于很多沿海岸线建立的科考站而言，冬天已经过去了。那里的气温非常温和，可以开启航班补充储备了。不知道为什么这条消息传到我们这里。从 1400 千米以外的地方传来陌生声音的情况非常罕见。我走了几步来到无线电设备旁边，新西兰人的通讯尝试慢慢减弱。

"等一下！别走！我们说说话！"

我的手伸向无线电麦克风。太晚了。新西兰斯科特走了。我又被寂静包围了。

在冬季结束前不久，我们就开始准备迎接夏季工作人员。我们每周会到科考站外进行两次午餐，顺便清理康科迪亚站周围堆起的雪丘。

站内的空间也要清理：我们两人负责一个楼层，包括墙面和房顶。我们有一个特别的机器，用途是清洁地板。这个像是吸尘器、洒水壶和中世纪早期怪物混合体的东西会按照自己的想法拉着我们在卧室这一层的走廊里穿行。它走过的地板上会留下棕色的泡沫。只有当它自己放弃的时候，我才能让它停下来。

"这很累"，我紧紧抓住操纵杆，趁着休息时间大口喘息着说。下一秒，这个怪物就重新启动了，并且把我拉着走：随着轧过什么的清脆声响，它从自己的电线上飞驰而过。哎呀。经过仔细勘察，橡胶层已经出现了大小不一的洞。一些铜线从里面探出头来。走廊里灯光闪烁起来。万幸，这怪物停下来了。插头坏了。

"我觉得我们得重来，干了的棕色泡沫也不会消失。地板也太滑了。"希普利亚站在我身后说。

"嗯。"我把坏掉的电线拿到他面前。他短暂地看了看铜线，好像是倒掉的小树的毛细根，翘在天空中，然后慢慢地坐在安静的怪兽和我们站立的湿滑的地板上。

我叫来了电力技术员——雷米。他很高兴我能向他求助，然后徒手拧了拧电线。然而，那架机器还是不得不丢弃到室外的集装箱去了。我们只能跪着徒手继续擦地。

欧洲航天局又给我们分配了一项任务。这一次，他们希望能够拿到一些照片，展示我们为应对寒冷而穿着整齐的样子。他们想要以此为基础制作动画。马可非常兴奋。经过几次尝试发现：在科考站走廊里拍摄的照片不太合适。

"背景太复杂了"，马可嘟囔着说。"你觉得，干脆去室外拍如何？"

"怎么去室外？"

"就在地平线前。在雪地里。"

我们出发了。我有个计划。马可拍照，我则慢慢脱掉头套和毛衣。很快就证明，室外没有我们想象的那么暖和。只穿保暖内衣的话，腿会非常冷。我们按照马可的指令，以破纪录的速度套上所有衣服，冲向了天文实验室。

"我觉得拍得很不错！"他开心地说，我却发现我感觉不到自己的左耳了。室外温度是零下 60 摄氏度，因为有风，所以体感温度大概还要低上 20 摄氏度。对于这次拍摄非常不友好。我们重新回到科考站后，我感觉我的耳朵肿到了两倍大，又红又烫，而且还跳着发疼。"像个猴子"，同事们友好地取笑我。为了转移注意力，阿尔伯特组织了游戏之夜。凌晨三点我们回房间睡觉的时候，外面已经蒙蒙亮。冬天就要结束了。

十月，我发现有一位同事和大家疏远了。整个冬天，他总是会出现这种情况。他推说是家里有事儿、和督导之间产生了问题、感到疲惫等等。我毫不怀疑他很疲惫，因为他睡眠很少，大部分夜里都无法入眠，昼夜节律彻底混乱了。有时候，我早上七点会在走廊里遇见他。我刚刚起床，而他正准备去睡觉。过去几天，他的情绪特别糟糕。我在广播室见到了他，当时几个同事正在聊天，我小声和他说了这个问题。那是一个周六的晚上，房间渐渐空了，大家都去起居室喝开胃酒了。那位同事还是没能跟我说出他之所以行事奇怪的可信原因。我们说起了八月份的一次矛盾，他为自己当时的行为辩护说：这避免了进一步发生闹剧。我无法放松地谈论这个话题，它唤起了一些不愉快的记忆。

"如果我当时维护你，所有人都会笑我，会说我这样说是因为想和你睡觉或者我想讨你的欢心。"

"那你就可以这样面对面地笑着告诉他们，他们在胡扯。"

他用一种奇怪的眼神看着我。仿佛布列塔尼落在我脸上、顺着后背流淌的雨水一般冰冷。真蠢，这不是胡扯吗？这是真实的吗？我怎么能忽略这些呢？

同事换了个话题。时间到了晚上 9 点钟，这是我们约好的晚餐时间，话题也枯竭了。我站起来。同事的目光显示出一丝慌乱。

"你去哪儿？"

"我尝试呼唤一个朋友。"我想要再去和一个友好的人说说话，坦诚的，没有戏剧性，不需要悄悄话的。就是这样，我走了。

他猛然抬起头，仿佛他也做了个什么决定。

"我可以跟你说。"

我停下来。他深吸一口气，仿佛已经设想了很多次这样的场面，但事实却完全是另外一回事。最后，他直视我的眼睛对我说：

"十一个月以前，我就爱上你了，我没办法再思考别的事情。"

不是有点喜欢，而是深深坠入爱河。他说，这就是为什么自己一直如此低落的原因。这就是为什么他周日从来都不出自己的房间。（"这是唯一一天，我可以让自己不看见你。"）每当他和我说话时，他觉得所有人都会知道这件事并且嘲笑他。

"这不是你的错。你不能做任何事情。只是这个地方的问题。这里没有任何刺激，我没法想其他任何事情。"

从某个时刻起，他开始谈论灵魂。午夜时分，我的胃开始咕咕叫。我起身走向起居室。

270

"我留下来。我不想别人问我们说了什么。没人问我们在哪儿……他们知道，我们说话了，也知道我们说了什么。"

在去往另一座塔的路上，我试图整理自己的思绪。为什么这种事忽然发生在我身上？为什么我之前丝毫没有察觉？夏天的时候，我发现这个同事对我很感兴趣。但当时有人认为，在南极就是这样。我当时克服了最初的南极冲击。我们都爱南极。随着隔离的时间越久，我越忽视了这一点，没想到他的感觉会逐渐变成着迷。没想到他会把这变成度过了一个糟糕冬天的起因，变成自己不快乐的原因。我是不是应该察觉到？是的，本来是的。我太关注自己的事情了。我的行动有什么异常吗？我觉得自己没有给他释放想要发展浪漫关系的信号。我只不过总是问他在忙什么。现在，还有一个半月就要结束任务了，他才告诉我真实的原因。

"是你！我给你留了饭！我现在就去加热！"

雷米今天负责做饭，他很高兴能在烹饪上照顾别人。我充满感激地对他笑笑。我看了一眼起居室，觉得留在另一座塔的同事是对的。大家好奇地面对着我的目光，仿佛在他们的追问下，我们的谈话没办法保密。我忽略了这些目光，坐在希普利亚和马可·S中间，这两个人的眼神也很好奇，但我知道他们不会立刻问我发生了什么。"给"，雷米把餐具放到我面前，酸辣酱配梨，食物的味道将我从另一个思维世界里拉了回来。

我把谈话的内容告诉了一个人，他在这天夜里跟我说："你知道，他不是唯一一个陷入爱情的。"。

"嗯"，我轻声说，透过窗户看着南极的夜："我知道。"

如汉·索罗（Han Solo）*所言，这是一个奇怪的时刻。

我们本来想在最后几天放松地待在科考站里，享受南极的宁

---

* 电影《星球大战》中的角色。——译者注

静，但当我们看了一眼两周前写下的愿望清单之后，我又倍感压力，想要尽可能地体验更多事情。

根据康科迪亚站的传统，弗洛伦廷、马里奥和莫雷诺做了一个木板，以表彰我们的工作。餐厅的墙壁上挂满了类似的装饰。如果在冬天结束的时候，整个越冬组还彼此交流，那么他们就会挂上一块牌子，每个牌子都有自己独特的设计。有些在形状和颜色上非常独特，有些则挂上了团队成员的照片并写上了内部才懂的笑话。我们选择了一块深色的木板，上面画上了我们团队的三个标志，一个标志的灵感来自日本书法，另外两个则是我们的名字和我们的官方合照。上面还写上了"DC–14"和"WO2018"（2018 年越冬者）的字样，并配上了法国、奥地利和意大利国旗。弗洛伦廷把它挂在了台球桌上方。

上周例会时，我们的站长给我们每个人颁发了一张证书，就像博士学位证书一样，上面有站长的签名和盖章，我的证书上写着：

兹证明卡门·普斯尼西博士是一名极地英雄，在南极康科迪亚科考站完成了冰穹 C 第 14 次越冬任务。

272

这张证书影射了某种陈词滥调：即便英勇的南极探险早已成为过去，但它却让经历过越冬的人在余生之中始终觉得自己是个极地英雄。这种传言不无道理，我们都为自己度过了这个冬天而感到骄傲。我们的家人、朋友，甚至是公园长椅上的陌生人都可以作证，我们很热衷于向别人讲述这段经历。

经历了整个越冬，我们所有人都改变了。在冬季结束时，我们的脸要么惨白、晦暗，要么呈现出一种不健康的红色。很多同事大幅度消瘦，其他人则看起来有些狂野：比如拜雷米的理发艺术所赐，阿尔伯特的发型非常朋克；再加上他肚子的缩小和上身肌肉的持续增加，简直像是摇滚乐队的成员。马里奥之前是典型的每天坐在电脑前的信息技术专家，现在留着很有艺术气息的胡子，简直让人联想到杰克·斯帕罗（Jack Sparrow）*，至少是一个清醒、有秩序的海盗。尽管在南极待了 13 个月，雅克和马可的短发却成功地抵抗了任何变化。

雷米、菲利普和希普利亚充分展现了南极英雄的灵感：雷米和菲利普梳起了辫子，菲利普还留了非常狂野的胡子。他时不时不情愿地用自己的胡子做实验（他一旦拿起剃须刀，那么接下来可能变成林肯，也可能变成金刚狼）。雷米的形象让人觉得，他仿佛随时都会踩着冲浪板冲进水里。希普利亚刚来南极时看起来非常体面，很符合他科考站站长的身份。现在，他不仅有一头蓬乱的长发，还有厚厚的胡子，说他像 1912 年前来探险的摄影师赫伯特·庞廷（Herbert Ponting）也不为过。

在冬天过到一半的时候，我们就看起来更像是 19 世纪考察团的探险家了，而不像是现代科研站的驻站人员。和那些照片的相似之处非常有趣，但同时也很恐怖。库克，"贝尔吉卡"号的医生，在 1899 年写道：

"我们在半路上看起来还很好，但当我们乘船返航时，已经

---

* 电影《加勒比海盗》中的角色。——译者注

发生了很大变化。漫漫长夜给我们的容貌带来了根本性的改变。"

　　变化的不仅是我们的容貌。南极的冬天也没有放过任何一个人的内心世界。几天后，我们就要迎来夏季团队了——和九个月前离开我们的是同一批人。然而，在他们面前的这 13 个人已经不是冬天开始前他们留下的那些人了。

第十三章　回归北方

广阔的世界在我们周围延伸：你们可以把自己封锁在其中，但不能把他们封锁在外面。

——哈尔迪尔，《指环王：护戒使者》

（作者：J. R. R.·托尔金）。

274 　　11 月 7 日早上，科考站里忙忙碌碌，和二月份准备迎接最后一架飞机的情况相似。随处可见同事们在镜子面前整理自己的着装，他们试图让自己尽可能看起来像个文明世界的人。我们出了科考站，这是我们最后一次享受安静时光。所有的成员分成小队站在停机坪上等待。有几个人一直持续不断地讲话，有的人则沉默地盯着远方。也许飞机不会来。他们也许忘记了我们。希望不会来。这些想法是愚蠢的：飞机当然会来，几个小时之前，马里奥和菲利普就坐在广播室里向飞行员播报天气情况。这是逃不掉的。

　　远处，天空出现了一个小黑点。它不断靠近，越来越低。马达的轰鸣声逐渐出现，然后如雷鸣一般响亮，当雪橇一样的起落架碰到雪地的时候，掀起了一片雪雾，飞机落地了。雷米过去一周一直忙于用压雪车清除雪地上的波状雪脊（sastrugis），清理出

275 一条飞机跑道。飞机慢慢地滑出雪雾，靠近我们：它像一架特洛伊木马，在太阳下闪出耀眼的白光，涡轮机发出轰鸣般的巨响——这是九个月来的第一架飞机。所有人都沉默地观察着它如何慢慢地滑动，仿佛一架外星飞船降落在我们的星球上。这是一

种入侵。宁静的日子成为过去了。

飞机开到了科考站前面，我们向它招手。腾起的雪遮住了我们，飞行员跳出驾驶舱，挥手致意，跑到后面打开了舱口。我们先是呆呆地站着，然后像接到命令一般统一地走向飞机的登机梯。新来的人一个接一个地走下来，这些人主要是技术人员，去年夏天我们都曾谋面。我短暂地因为再次见到他们而感到高兴。在拥抱并欢迎每个人之后，就开始卸行李，然后一起回到科考站。

"你瘦了多少？你们中谁瘦的最多？"一个人问我。我难以置信地看着他。这就是他的第一个（唯一的）问题？看起来并不是只有越冬者才不擅长社交。

当看到走廊里站着那么多人的时候，我的胃部已经感到了一些不适。我们的冬天结束了。

我们为所有人准备了早餐。有牛角包、鸡蛋和肉（我们没提鸡蛋已经过期九个月的事情）。意大利物理学家丹尼斯（Denise）也坐这个航班来到科考站。她第一次来康科迪亚站给我们作报告。我们在布雷斯特的行前会上曾经见过她，再次见到她真好。

在飞机落地时我们听到的罕见的噼啪声不太正常：发动机的一个重要部分损坏了。海岸线附近的美国小城麦克默多才能预定到备用部件。当天，就有飞机把备件送来了。在南极的条件下，效率非常之高。越冬组第一位撤离的人员随着这架飞机离开了科考站：雅克。几周前，他就已经计划好随第一个航班离开。我们陪着他走向飞机，不断地说着保重。经过这样的一年，大家应该怎么告别呢？我们所有人都不确定。我不知道，雅克是否也有同样的感慨。他迈着轻松的步伐走向飞机，当登机梯收起来的时候，他数月以来第一次露出满意的样子。

"我们再也不会见到他了，对吗？"我的一位同事问我。我沉默地耸了耸肩膀。

还没等飞机离开跑道，我们就溜达着走回了科考站。

这次航班给我们带来了苹果、橙子、牛油果和沙拉。我的几个同事非常夸张地冲过去，但我却无论如何也兴奋不起来。奇怪的是，我已经适应了南极的饮食。我对面的莫雷诺似乎消失在沙拉的海洋中，希普利亚完全忽视了新鲜的食物，还是吃着意大利面。菲利普非常珍惜地看着一颗牛油果，仿佛下一秒就要向它求婚似的。

我看着托盘里的橙子，用手托起来感受它的重量。闻起来不错，在我的想象中，当我再次看到新鲜水果时会更加激动。然而，诗意并不存在。几个小时后，我的消化道出现了激动的反应。行吧，也算有点儿什么是激动的了。

随着夏天的到来，科考站又变得混乱起来。接下来的几周里还有更多人要来。夏季营地要尽快暖和起来，以便作为补充寝室。

第一天，越冬组的同事很开心地和新来的人打成一片。终于有其他人、其他话题、其他面孔了！然而这种愉快的气氛第二天就消失了。我们发现夏季工作人员和去年夏天一样紧张。午饭的时候，大部分越冬组的成员就围坐在一起了。我们形成了一个小团队，彼此的关系更亲近了。在过去的几周里，我们对彼此感到厌倦，但现在我们又重新亲密起来。夏季组有些人还没到康科迪亚站就准备好向我们打听冬天的闹剧了。

"……但我没讲任何事。我们商量好了，不讲任何人的坏话"，一位同事骄傲地说，同时一口接一口地往嘴里塞沙拉。事实上，我们也确实更加团结，这个夏天的流言比去年夏天少很多。

我的继任者娜嘉（Nadja）是丹麦人，她乘坐第二架飞机来到康科迪亚站。这架运载货物的飞机比上一架飞机引起了更大的问题。又有零部件坏了。这次的飞机干脆直接停在了跑道上，再也没能飞起来。弗朗克，专职清理雪地的技术人员，开着除雪车把这架巴斯勒拖走了。这次经历让他连续几天都喜气洋洋。飞行员们则一直在咒骂天气和冰穹 C 的降落条件。

随着新人的到来，新的健康挑战也出现了：越冬组的成员一个接一个地病倒了。先是马可因为发烧在床上躺了三天，紧接着阿尔伯特、马里奥和希普利亚开始流鼻涕，菲利普的声音哑得像一个老烟枪。我在冬天的实验中已经观察到，越冬组成员们的免疫系统活力受限，现在我们的免疫系统出现了负担过重的情况。我们的免疫细胞已经太久没有运作过了，因此只需要一点普通的感冒病毒，它们就会出现过度反应。即使是回到欧洲以后，我们免疫系统的变化也会持续一段时间。一半以上的越冬者在结束隔离之后会出现新的过敏源。有的人甚至在短暂的夏季驻站之后也会出现这种情况。

在第一架飞机到来之前，我就完成了最后一次采血。但还要进行一轮联盟号模拟驾驶实验。最后一次驾驶之后，每个人又会得到一张证书。这次的证书特别漂亮，上面有航天员的签名。

"拿着这个我就可以去欧洲航天局驾驶真正的联盟号吗？"雷米问我。

"如果可以的话，告诉我一声。"

联盟号驾驶实验的结果显示出隔离对大家的有趣影响。在整个冬季，我可以观察到驾驶员技能的明显下降。对两项其他测试的评估显示，在越冬过程中，所有要求高水平认知能力和神经运动能力的活动成绩都会下降。在斯图加特进行同样实验的对照组（未隔离）成绩相对稳定。这项实验在南极的康科迪亚站和位于海岸线的英国哈雷六号站同时进行。康科迪亚站人员的成绩最差，其能力随时间推移出现的退化最为明显。这或许与缺氧的情况有关。

越冬普遍会引起成员脑部的变化。2019 年，德国人发布了一项研究，其中考察了八位在某海岸线科考站越冬人员的脑部变化。通过对比前述人员驻站前后的核磁共振结果发现，越冬后海马体会缩小（海马体是与记忆相关的大脑分区）。与对照组相比，越冬者的脑结构变化最多可高达百分之十。据推测，这种情况可能是由知觉丧志引发的。

持续的压力状态也会造成大脑的改变：海马体缩小、杏仁核扩大（杏仁核负责掌管情绪、记忆和决策）及前额叶皮层的神经连接受损（前额叶皮层是负责掌管复杂行动、认知和社会行为的大脑区域）。幸运的是，这些变化是可逆的。此后数年的追踪研究表明，在康科迪亚站的长时间隔离和极端感官刺激匮乏状态可能给越冬者带来相似的变化。据推测，火星 -500 模拟太空实验也带来了同样的结果。这项实验在莫斯科建设的一个装置中模拟了在火星执行 520 天任务的情况。面对即将出现的长达数年的太空旅行，欧洲航天局和美国国家航空航天局都在寻找可能的措施以对抗这些变化。

现在，我的实验结束了，娜嘉开始对她的组员进行新一轮的实验。DC-15 越冬组已经抵达，所有人都很有动力、情绪高昂。我的三项实验——模拟舱驾驶实验（SIMSKILL）、高原适应实验（EFIA）和"冰岛"实验（ICELAND）在接下来的一年都会继续，以便获得更多的实验样本。"冰岛"实验研究肠道微生物群、免疫系统和饮食情况的变化。这项实验在接下来的一年会发生一点变化，即加入一个应对措施对比测试：受试者每天服用益生菌（双歧杆菌）。科研人员希望借此研究这种饮食补充剂对人的健康、舒适和压力程度的影响。

早上我会帮助娜嘉进行采血，因此有机会与新团队的每个成员聊聊天。我大概了解，哪些人适合越冬，哪些人会引起一些麻烦。去年也是这样吗？之前的团队也能预感谁会度过一个糟糕的冬天吗？新团队里有三名女性。也许有些情况会因此得到缓解，即便这个性别比例距离五五开还有很长的路要走。

"据说，夏天的时候可以明确地区分谁是新来的，谁是已经越冬结束的。我不觉得有这么大的差别。"

我的同事扫视了一下人满为患的餐厅说。此刻，有 60 个人在一同进餐。我也看了一圈。

"你仔细看看。菲利普在后面那里，阿尔伯特和马里奥在我们前面两排……

事实上要确定谁已经完成越冬非常简单。我们看起来像是消瘦的僵尸，脸上暗淡无光，似乎明显地缺乏一切可以想到的维生素。有的人沉默地坐着，盯着一片虚无。有的人在一个大的团队中无法找到自己的定位，于是思想涣散。和新来的人交流是很累的事情。一些琐碎的闲聊尤其让人疲惫，似乎是不值得的精力浪费。与其他越冬者交流就显得容易得多，我们不需要说太多话也能理解彼此，我们理解冬天、也明白我们一起经历过什么。

"好吧，你说的对"，我的同事最终说："一群僵尸。"

我开始打包，铝皮箱子只装了来时一半的量。我还分了一个箱子给希普利亚，因为他箱子上的锁坏了。这些包裹面临着一次长途旅行。直到五月份我才能再次见到它们。我把自己在旅途中需要的东西装进了两个双肩包。我还没有规划具体的行程。我想看看新西兰，也想去澳大利亚的某些地方，然后去温哥华拜访我的哥哥。大概在四月抵达欧洲，时间还很充裕。我一如既往地觉得，冬天可以再持续几个月，不要和所有的同事在一起，只和其中几个一起就行。现在，当夏季工作人员"入侵"以后，我慢慢地知道：是时候离开了。这不再是我们的科考站。

第一个周六，希普利亚就和夏季站长吉安·皮埃罗完成了交接。当这份责任终于结束的时候，他显然很开心、很轻松。

阿尔伯特忽然把我叫到病房，给一个夏季组的成员抽血。他的表情很严肃。他可能得了阑尾炎，阿尔伯特跟我说。我们和意大利医生达成一致，在这位病人病情恶化之前送他离开南极。周一，飞机将启程前往位于海岸线的意大利科考站——马里奥祖切利站。柯林、马可·S、希普利亚和我也将乘坐同一航班离开这里。我们很开心，因为这意味着我们将在马里奥祖切利站度过几

282

天，有机会在海岸线附近转转。我们最终确定，12 月 1 日乘飞机从麦克默多站飞往新西兰，因此还需要设法从马里奥祖切利站到达麦克默多站。阿尔伯特有点惊讶，他以为自己还能与其他队员一起待上十天才走。但现在的计划是，他需要直接和病人一起乘坐货机飞往新西兰。

由于我们身处南极，一切都与正常状态有所不同，计划也经常发生变化。眼下特拉诺瓦湾站的冰层不够厚，货机因无法降落而被取消。然后天气又不适合。后来病人的病情出现了好转，阿尔伯特认为不再需要撤离。计划的推迟让我们感到不悦，因为我们担心不得不因此直接前往麦克默多站，然后马不停蹄地飞往新西兰。还没看到企鹅就要离开南极了吗？听起来是个并不好笑的笑话。皮埃罗最终告诉我们仍将在周一起飞，因为届时会有一架双水獭飞机从马里奥祖切利站前来送食物储备，它返程时可以把我们一起带去。我们将在周一早上确定当天是否可以起飞。这就是我对去年夏天的典型印象。

283

晚餐的时候，皮埃罗忽然问下一个越冬组的物理学家——麦格纳（Meganne），她不想唱点什么吗，今天有特别的饭后甜点。她惊讶地点了点头。夏季组的厨师紧接着端上了一个巨大的蛋糕，当我看到上面写着我们四个人的名字时，我才意识到：这是给马可·S、希普利亚、柯林和我的告别礼物。当我们聚集在甜品周围时，麦格纳开始唱歌了。前几个音符在空气里营造了一丝紧张的气氛：

"捕捉美好明天的愿景，让它指引你做每件事。"

随着她唱得越来越放松，我们在蛋糕周围沉醉其中。泪水从几位同事的脸上流下来。太戏剧化了。我眨着眼睛想，这里的一切都太具有戏剧性了。

"……让梦想成为你工作的目标，你会见证它们实现。"

麦格纳的歌声不自主地唤醒了关于阳光、鸟鸣和海滨棕榈树影的记忆。

"捕捉新一天即将到来的愿景，设定你的目标，遵循你的目标，你有梦想，你可以实现，你一定会看到它们实现。"

我们互相拥抱、一起拍照，然后有人递给我一块蛋糕。我们又坐下安静地吃饭。时不时有悲伤的目光在餐桌上飘来飘去。没有人真的想就此离去，离开我们曾经拥有的特别的家。

周一一早，皮埃罗说飞机很可能会来，但还没有起飞，目前没有提供任何信息。天气似乎不是很好，这对希普利亚、马可·S、柯林和我来说，这意味着等待。

我和阿尔伯特、莫雷诺、希普利亚一起坐在起居室，喝着茶吃着巧克力酱面包，正在写最后几张明信片，终于听到广播通知飞机将在下午 2 点 30 分降落。我们看了看彼此，语言在此刻是多余的。这是我在康科迪亚站最后几个小时的时间了。午饭后，我们走出科考站，飞机在远处着陆了。整个科考站都集合前来为我们送行。我们长时间地拥抱，眼泪冻在了脸上，冰冷的风最后一次让我们无法呼吸。越冬组都哭了。我拥抱了每个人，甚至抱了阿尔伯特五次。雷米小声说："谢谢，谢谢，感谢这个冬天。"菲利普递给我一封信就消失了。马可一如既往地拿着相机，安德烈摘掉了滑雪镜，不断地向我们道别。

飞行员威胁我们再不上飞机，他就飞走了。我们这才爬上了双水獭飞机。飞机上大部分空间装满了行李和转运货物，柯林和马可·S坐在一侧的小长凳上，我和希普利亚坐在最后。飞行员关上舱门，发动了引擎。

　　飞机在跑道上开始加速，机身不断颤抖。我看到大家远远地站在雪地里招手，我偶然瞥见了雷米，他踩着电动滑雪车跟着飞机在跑道上跑。随着引擎的巨大声响，我们起飞了。从上方俯瞰，康科迪亚站那么小，这种感觉让我很不习惯。如同一年前一样，科考站周围的荒芜让我感到震撼。奇怪的是，去年我观察到那些越冬组成员离开冰穹C时都很开心，他们全都很期待即将到来的旅行。柯林和马可·S也是。他俩甚至在飞机上就发出了轻微的鼾声。坐在后面的希普利亚和我却因为要离开这个地方有点伤感。我在两种答案之间徘徊：要么是我们的团队运行非常良好，要么是我们得了严重的斯德哥尔摩综合征。

285

　　三个小时之后，地面渐渐浮现。很快我就发现，飞行员要去往何方。在一片白色的虚无中出现了三个深色的点，那是康科迪亚站到海岸线的中转点。我们硬着陆在雪地上。飞机摇摇晃晃地来到一堆燃料旁边。我们在这里停留了半个小时，飞行员给飞机加满了油。双水獭的油箱很小，我们的行李很重，因此它很难直接从康科迪亚站飞到海岸线。我们伸了伸腿。四周的景色和康科迪亚站周围非常相似：广袤，白色的视野，唯一的差别是这里要暖和一些。

　　又经过两个小时的飞行，马可·S把柯林、希普利亚和我从各自的思绪中唤回。他的脸紧贴着玻璃，用嘴哈了哈气，激动地用双臂擦掉玻璃上的霜，并示意我们也这样做。在视野的远处，我们很多个月以来第一次看到了群山。我们忽然清醒过来。景色迅速地变化着。我们飞过冰川裂隙、大片冰原和陡峭的峡谷。我又一次意识到为什么说这片大陆充满危险：它显然很难被征服。这里的景观如此粗犷、野性又充满威胁。我们终于看见了远处的海。接着，我们又飞过了韩国的张保皋站、德国冈瓦纳站（Gondwana-Sommerstation）等比邻而立的科考站。这时候距离目的地——马里奥祖切利站前的特拉诺瓦湾站冰层飞机跑道就不远了。

海岸线附近很暖和，只有零下几度。一个意大利人开车载我们到了科考站。尽管此时大概是凌晨两点，但太阳仍然挂在天上。希普利亚在房间里找到了一个冰箱，我们毫不客气地拿着冰淇淋华夫饼爬上了科考站前面的岩石。

"我都不知道，应该往哪儿看。"

我很想念这些景色。我们眼前是耸立的群山，左边是墨尔本峰（Mount Melbourne），右边是罗斯海。马里奥祖切利站周围被融雪环绕。与康科迪亚站相比，这里相对友好一点。尽管夜里总是有很多噪音。贼鸥、大贼鸥和雪燕从我们头上飞过，风中弥漫着海盐的味道。一切都与康科迪亚站不同，一切都太过繁复。我们彼此的关系更近了。

这天夜里，我很努力地睡着了，但我的大脑好像因为收到了过多的感官刺激而产生了各种复杂的想法。第二天中午起床的时候——由于时差，此时才是康科迪亚站的早晨——我发现我可能也要生病了。

希普利亚和我决定去附近的泰西斯湾（Tethis Bay）转转。看到有人不戴手套就在户外活动，我们感觉非常奇怪。我们从海湾出发向后走了几个小时，在雪地里发现了一个大冰湖，脚下是奇怪的岩石，同时为自己经过数月缺氧训练后获得的耐力感到兴奋。晚上，我们见到了双水獭飞机的机械师——拉里。一年前他曾和我们一起庆祝圣诞。他邀请我们去他的飞机库看看，于是所有的"非意大利人"聚集在一起，聊了关于世界的各种话题。

　　夜里，我感到自己的免疫系统出了问题。一个普通的感冒病毒刺激了免疫细胞，使之倾尽所有进行抵抗。我发烧了而且一直在出冷汗，整个身体都感到酸疼。第二天，我晃晃悠悠地去吃早餐，希普利亚和马可·S 正俯首研究地图，规划我们去企鹅栖居地的徒步路线。我立刻忘记了自己在发烧，我当然要跟着一起去。马可·S 说服厨师为我们准备了一份带走的餐食。我们叫醒柯林，一起出发了。路程一共在冰原上绵延 20 千米，穿过雪地和岩块。最后一段路沿着冰舌向前，冰闪耀着美妙的色彩：巴赫蓝、水藻绿、威德尔海豹银，有的地方则如同乳白天空一样毫无色彩。

　　企鹅栖居地靠近一片陡峭的崖壁，在冰川的尽头。我们沿着一面雪墙滑下去，完成了最后几米的路程。我们已经听见了企鹅的叫声，嗅到了企鹅的气息，但是却看不见它们的踪影。"也许在下面，在海岸线附近？"

　　希普利亚开始穿越下一片雪原。我转身向后看了一眼，马可·S 和柯林在我们身后 500 米处，还在雪墙的头上。我转过身试图跟上希普利亚。我的步伐在雪地上发出咯吱咯吱的响声，雪似乎很薄。下面是冰舌的一部分——又走了一步，我感觉自己踩到了光滑的部分，我的双腿好像被掳走了一样。正当我慢慢地防止自己摔跤时，我紧张地看了一眼崖壁——我有掉进海里的危险吗？当然有，我的脑袋里传出一个声音，我把左手伸向岩石，右手本能地撑在冰面上，以便能够降低自己向下滑的速度。这是一个馊主意。我的身体忽然发出一声巨响，肩膀和手臂感受到一种从未有过的疼痛，所幸我只滑了几米远。肩膀止不住地疼。我小心地用左手固定着肩膀。我脱臼了。很好。就在企鹅前面不远处。过分！最近的医生距离我 20 千米。希普利亚消失在一块岩石后面。我想要喊住他，但刚刚摔的一跤让我完全说不出话。

"你自己就是医生"，我对自己说："如果胳膊能滑出来，就还能回去。"

按照关于肩关节结构的模糊记忆，我试着进行一点活动。在第二次尝试时我又听到一声响，世界在我面前变得模糊了。但肩部的感觉又恢复了正常。

"你在这儿呢，你坐在雪地里干吗？"

希普利亚来找我了。

"没什么。我的肩膀刚刚脱臼了，现在又好了。"

"啊，好的……等下，你刚刚怎么了？"

我们面前又是一片雪原，向下延伸一直到峭壁附近，左右两边是陡峭的、连接冰洋的崖壁。后面是鹅卵石、大大小小的石块，其中也混杂着一些冰块。这里还是没有任何企鹅的踪影。我们在那里静静地站了一会儿，然后——

"等等。它们在那里。就在我们前面！"

事实证明，那片鹅卵石遍布的地方就是企鹅的居所。数千只

企鹅正坐在岩石之间。几分钟之内，我们就站在了它们身边。只
有两种企鹅会在南极大陆上筑巢：帝企鹅和阿德利企鹅。它们
沿海岸线分布在不同的栖息地上。我们面前的是小阿德利企鹅。
它们又有趣又活跃。研究者朱·迪蒙·迪维尔（Jules Dumont
d'Urville）以自己爱妻的名字命名了这种企鹅。此时它们正在孵
蛋。它们用石头垒起巢穴，保证企鹅蛋的温度。十月底，即繁殖
期开始时，雄性企鹅负责垒巢。一般来说，它们会找到自己去年
的伴侣一起孕育后代。繁殖期是短暂的，它们没有太多的时间进
行交配和保持忠诚。如果一只企鹅来晚了，那么它之前的伴侣可
能已经坐在别人的巢穴中了。

雌性企鹅产完 1～2 颗蛋后会立刻前往大海寻找食物。雄性
企鹅则留下来为企鹅蛋保温。幸运的话，它的伴侣会在两周后返
回接替它的工作。这时，小企鹅的父母会同时出现在巢穴中。一
个人照顾蛋，另一个则时不时地进行考察，寻找更多的石头。一
旦找到一块，它就会用喙衔起，激动地返回巢穴，尽可能地放在
伴侣附近。孵蛋的企鹅会时不时地站起身来。两只企鹅就会伸着
脖子看正在孵化中的蛋，直到其中一只企鹅又坐上去。南极并没
有太多石头。因此，经常有企鹅从其他巢穴偷石头的情况发生。
如果小偷被发现了，那么被偷的企鹅就会张开翅膀，赶走小偷。
如果小偷已经把石头放在了自己的巢穴里，那么被偷者也会从小
偷的巢穴找一块自己喜欢的石头搬回去。这个过程可能无数次被
重复，给我们带来了极大的乐趣。小阿德利企鹅们不在意我们坐
在它们旁边吃东西。它们在这片土地上没有天敌，看了我们一会
儿就对我们不感兴趣了。

　　大约一周后，小企鹅就会破壳而出。一开始父母中会有一方留下来帮小企鹅取暖，另一方则去寻找食物。小企鹅长大后会需要更多食物，这时父母双方就会同时去捕猎。小企鹅们就会趴在一起组成一个企鹅堆来保证温暖。大约二月份开始，他们就要靠自己了。阿德利企鹅在冬天会向北方迁徙，来到大海附近，但它们不会离冰原太远。一旦到了夏季的交配季节，它们就会重新回到这片栖居地。

　　第二天，一架巴斯勒飞机载着我们经过一小时的飞行来到了麦克默多站。罗斯冰架上有很多跑道，可以允许前往新西兰的大力神运输机降落。在这里降落的感觉很好，我们距离斯科特100多年前开辟的前往极点的路线是如此之近。

　　跑道上非常热闹。一辆摆渡车带我们经过新西兰的斯科特站，到达麦克默多站。麦克默多站是美国在南极的三个科考站之一，另外一个位于南极半岛上，剩下一个当然就是位于极点的阿蒙森—斯科特站。阿蒙森—斯科特站就很大了，而麦克默多站简直堪称巨大。夏季会有1000多人在这里工作和生活，冬天可以同时容纳200多人越冬。只要有需要，飞机可以全年降落。我感觉这里不是南极，而是美国的一座工业化小城。这里的建筑像是偶然间拔地而起的方块，与周围的景色格格不入。这里有街道、路牌和路灯。我们得到了一张地图，以便能够找到方向。这些建筑看起来非常丑陋且令人不快，由于南极不方便清洁，它们显得很脏。这里没有冰，雪也很少，因此没有什么浪漫的感觉。街上到处都是泥泞，融化的水汇聚成一条条小溪。我们被分配了卧室。房间配有电视和空调，但没有窗户。这里似乎在冬天也能接

291

收到电视信号，就和在美国一样。站内有一个很大的公共食堂，让我迅速联想到配有 24 小时披萨站的医院。但所有的东西都是一样的味道。

麦克默多站的生活也有好处：没人对我们感兴趣。这种感觉很好——我们可以做自己想做的事情。我们淹没在人群中，没人会多看我们一眼，没人会观察或评价，也没人解读我们的眼神、行为，更没人中伤我们。与其他成员保持距离让我们感到舒适。

饭后，希普利亚和我试图逃走。

"我们怎么能去斯科特站？"

"就顺着摆渡车的路线走回去。但是路有点远，至少要两小时！最好坐车。"

我们交换了一下眼神，忽略了最后一句评价。在碎石路上走了 20 分钟后，我们来到了这座新西兰科考站。可能很少有人真的徒步走到这里。我们惊讶地看着冰丘前面躺着的威德尔海豹。当冰层中大块浮冰在风或洋流的作用下彼此撞击时，就会形成冰丘，最高可达 2 米，下端可深入海洋达 20 米。我们探访了斯科特站的纪念品商店（麦克默多站也有纪念品商店）。这里会在夏天出售越冬者设计的 T 恤衫。

晚上，我们和柯林、马可·S 无精打采地走进了南部舒适区——麦克默多站的三家酒吧之一。在吧台处，我们遇到了在这里越冬的人。

"你们冬天看到了漂亮的极光吗？"我问他们中的一个人。麦克默多站具有观测极光的最佳位置。

"看到了，但是要看极光得离开城市，开着卡车到高处去，

292

否则无法清晰地看到星空"，美国越冬者说。看到我们惊讶的眼神，他补充道："因为有光污染。"我在马里奥祖切利站就产生的感觉——康科迪亚站永远地离开了——在此刻更加强烈。在这里越冬配备了电视、网络、保龄球、酒吧、汽车、定期的食物补给航班和光污染？

事实证明：麦克默多站的规则和我们熟悉的科考站规则大相径庭。每次出行、考察、离开城区都需要先接受课程培训并获得许可。到处都有指引标志，说明哪些地方可能有危险以及哪些行为是被禁止的。我很惊讶，我居然在毫无标志的康科迪亚站活了下来，也惊喜于自己居然可以在这里不用审批就去洗澡。

我们不需要接受培训就可以参观克拉里实验室（Crary-Laboratorium）。我和希普利亚同一群意大利人一起参观了这里。这个实验室主要用来进行海洋研究，其中有很多水族箱：里面装着各种冰层下的生物。各种奇怪的生物从水箱里在向外张望：有很多半米长的螃蟹，是其生活在暖水水域近亲的 1000 倍大。除了一般常见的八条腿螃蟹以外，有些标本有十到十二条腿。单细胞生物——有孔虫，本应该在显微镜下才能看见的，在麦克默多站却长到了几毫米的大小，以软体动物为食。这些软体动物也很有趣，它们看起来像十厘米长，长着毛茸茸的腿的臭虫。旁边的水族箱里装着橙色的海星。它们有四十条腕，每条长约一米。一名生物学家向我们解释称：

"海洋冰下生活的动物之所以这么大，是因为那里非常寒冷。那里的水温大约在零下 2.5 摄氏度左右，由于水中的盐分较高，所以凝点相应地降低了，表面的冰层则阻碍了海洋中水温的升高。水下的生命进程比一般情况下要慢很多。动物的生命也相应延长。由于水中非常寒冷，因此会释放很多氧气，这是动植物生长的基本前提。"

南极鱼类也是研究的一部分。它们没有可以用来抵御低温的甲壳，因此形成了另外一套生存策略：它们的血液里充满了抗冻蛋白。这些抗冻蛋白如同汽车的防冻液一样，至少能在零下 2.5 摄氏度的环境下保护鱼类不被冻住。

"但是如果要把鱼从水里捞出来放在冰面上，它很快就会结冰"，生物学家解释道。

麦克默多站的早餐里有一种白色的糊状酱汁引起了我的注意。旁边放着一杯冻梅子。我们聚在一起围观这种食物。294

"味道不错！"一位意大利女士对我们说。

我鼓起勇气拿了几颗。

"水分不多"，希普利亚砸吧着嘴说："其他的还行。"

"梅子是不错的。只是很奇怪，为什么要冻起来。吃起来好像饼干面团。"我半梦半醒地说道，同时把碗里剩下的部分用勺子刮了出去。

"可能是美国的什么东西？也许在我们驻守康科迪亚站的时候，这东西成为了新时尚？冻梅子配糊状酱汁？"希普利亚也把自己的碗清空了。

"可能吧。"

第二天，又是早饭时间。我手里拿着空空的盘子在餐厅里扫视。今天有什么吃的呢？也许我这次只拿梅子……等一下。我的目光扫到了我们昨天拿酱汁的地方。一个我昨天没注意到的牌子放在那个大碗旁边。一个看起来像是消防员的男士正在夹菜。我张大嘴发出了一句无声的"啊"。我拉了拉希普利亚的胳膊，他正沉浸在橙子的世界里。

"希普利亚，你看。那里。"

消防员舀了一大勺糊状酱汁放浇在华夫饼机上，然后放上冻梅子，再把盖子盖上。旁边的牌子上用活泼的字体写着："自制华夫饼！"在制作华夫饼所需的几分钟时间里，我们无言地站在那里，盯着华夫饼机。消防员朝我们投来难以置信的目光然后端着热气腾腾的华夫饼消失了。我们忽然爆笑。希普利亚先恢复了正常：

"准备好进行一个测试了吗？如果生面粉就不错，熟面粉会怎么样呢？"

由此可见，越冬对认知能力的损害有多大。这样看来，南极冬天的暴力仍然掌控着我们。

麦克默多站最吸引我的地方在于，它离斯科特的发现小屋（Robert F.Scotts Discovery-Hütte）不远。这个小屋建造于1902年，即斯科特第一次南极考察期间，当时用作队员们的住所，从麦克默多站步行15分钟即可到达。1910～1913年斯科特第二次考察期间，这个小屋用作过渡住所和紧急避难所。沙克尔顿在两次考察期间也利用了这个小屋。由于有关人们在小屋里做了什么的各种谣言流传开来，因此这里不再允许一个人擅自入内。我们需要一个有钥匙的向导。很幸运，我们找到一个愿意让我们进去的人。在小屋的门前似乎就能感受到历史的痕迹。一百多年前，门槛旁边就放着一只原本是被当作食物的死去的海豹。当时，企鹅和海豹都被视为新鲜的肉类来源。它们的脂肪也可以用来给小屋取暖。这一只海豹是人们离开时留在这里的。由于冰封和极寒，它在接下来的时间里几乎没有发生什么变化。小屋是用木头建成的，它又一次证明严寒可以封存历史，也说明了极地探险的英雄时代距离我们并不遥远。小屋看起来非常新，仿佛斯科特随时都会打开门，用浓汤和可可豆邀请我们进去。

小屋里面非常晦暗，墙壁被燃烧海豹脂肪产生的烟雾熏黑了，地板上堆满了箱子，上面的字迹还清晰可见：犬类和人类的面包干——斯科特为极地考察研制了高热量特质面包干、巧克力、肉干、麦片等。旁边还有更多的海豹和羊肉。墙上刻着我们过去几个月反复听过的名字：谢里-加勒德、鲍尔斯、欧文、威尔逊。对于这里的气候来说，这座小屋并不具备理想的结构，向导评价道。它太大了，取暖难度很大。我忽然想到，麦克默多站也是一样，那里的房间高而无用，特别是健身房和食堂。这些地方都需要采暖，科考站周围黑乎乎的融雪可以为此作证。另一方面，麦克默多站也许是有意为之，这样的现代化房间可以减少冬天带来的隔绝之感。工作人员的舒适程度获得了比能源消耗更高的优先级。

在斯科特的发现小屋旁边有一座小山丘，那里视野很好：向左可以看到整个麦克默多站，南边是长达 800 千米、高达 50 米的罗斯冰架。它覆盖了整个海湾。以前的探险家们把它称为"冰碛"（The Barrier）。要想到达南极点，就必须先爬到它上面去。罗斯冰架是南极最大的冰架，四周全是冰川。最近关于冰架下面的海底的研究表明，它至少曾断裂过一次。如果气候持续变暖，那么它可能出现再次断裂的危险。这不仅可能导致如法国国土面积那么大的冰块流入海洋，同时也会造成南极洲西部冰川流动的加速——进而进一步导致海平面上升数米。

我们西侧高高耸立着的是横贯南极山脉（Transantarktischen Bergkette）。它贯穿整个南极大陆，多处被巨大的冰舌斩断。北侧是麦克默多峡湾（McMurdo Sound），一个充满冰层的峡湾，其中耸立着谢里-加勒德描写的小岛。有几只海豹正无所事事地躺在冰面上。第一批越冬者给这些岛屿取了名：伊纳克塞瑟布尔岛（Inaccessible Island，意为：可望而不可即之岛）、失望角（Cape Disappointment）、伊格扎斯珀雷申湾（Exasperation Inlet，意为：外海口）以及更吸引人的巧克力湾（Chocolate Inlet）。

还有一处历史悠久的小屋位于更靠北的埃文斯角（Kap Evans）。它是斯科特 1910 ～ 1913 年考察时搭建的主要住所。我很想去看看，但我们需要首先接受培训，也不被允许徒步前往。每隔几周才会有一辆巴士踏冰而去。我们在麦克默多站停留期间没有车次。斯科特当年就是从那里出发，开启最后一次考察的。他带着雪橇犬和矮脚马爬上罗斯冰架，顺着比尔德莫尔冰川到达了南极点。

第二天将我们带到罗斯冰架飞机跑道的巴士名字叫伊万特拉（Ivan the Terra）。这辆车大概和司机一样老了。司机留着长长的白胡子。他的脸上留下了岁月或南极阳光造成的褶皱。这辆巴士在雪丘上颠簸着前行。那些爱偷石头的阿德利企鹅很容易就能追上它。到了飞机场，有人接待了我们并详述了我们不能做的事情清单。我心不在焉地听了听（"不能爬飞机！"），一直盯着即将

带我们返回新西兰的 C-130 大力神运输机看。机头上写着"新西
兰空军"字样。我用脚扒了一点儿雪。在薄薄一层雪花下面是厚　298
达数米的冰层。在下面的某些地方，生活着那些橙色的海星和有
十二只脚的螃蟹。斯科特就埋葬在这里的某个地方。威尔逊、鲍
尔斯和斯科特死去时所在的帐篷就是他们的墓穴，如今消失在罗
斯冰架的冰雪当中。它慢慢地随之漂向大海的方向，200 年后可
能会随着一座冰山进入南冰洋当中。

"这是一座国王都会感到嫉妒的坟墓"，谢里-加勒德在将三
位逝去的同伴留在这里后写道。他的看法是多么的准确。

在南极大陆上再走几步路，整个旅程就结束了。我们登上了
大力神运输机。这架飞机的装饰和我们来南极时乘坐的意大利飞
机不一样。在这架飞机里，我们密集地分两排坐在机身两侧。飞
机上没有带着拉帘的厕所，只有一个提桶。引擎声依旧震耳欲
聋。七个半小时后，当我们降落在新西兰时，我感到无比轻松。

后 记

我们抵达克赖斯特彻奇时已经是深夜。这里的黑夜与南极有
着不同的特性。它没有那么犀利，也没有那么安宁。这里的黑夜
不具有主导性，仿佛就是短暂地过来看看。迎面而来的是湿度很
高的空气。我反复深深地吸气又呼气。空气中的味道如此不同，
以至于无法让人感到平静。我绊到了一个人，他正满眼爱意地端
详着一棵树。

"过来，卡门"，马可·S 叫我。我跟着他、柯林和希普利亚
向酒店走去，我们回到了文明世界。

日子过得飞快。几天比以往更累、更困倦的皮划艇旅行之
后，我走进一家超市。从几个扩音器里播出的音乐朝我扑面而
来。孤单的购物者们在过道里忙忙碌碌。我站在水果区，感到自
己正在接受严峻的挑战。这里有四种不同的胡萝卜，有来自新西
兰南部和北部的黄瓜，还有三种颜色不同的荔枝以及不同口味的
火龙果。霓虹灯光映照在地板上，世界仿佛在摇晃。我身上有钱
吗？有一位年长的新西兰人对着我微笑。我问他是否能给我推荐
一种黄瓜。

半小时之后，我坐在沙滩上享受安宁。海浪的声音、冲浪

300　者的笑声和水鸟的鸣叫在我耳边作响。太阳垂到大海里，我正在
吃黄瓜（南方的品种是个好选择）。我闭着眼睛呼吸，感受海水
的味道。如果我眯着眼看向远方，忽略过多的颜色，我几乎可以
想象平坦的地平线是白色的，风是冷的，我下面有三千米厚的冰
层，但我的脚趾却陷入了柔软的沙子。

　　我越是看海洋和沙滩，就越觉得很不真实。在我们的星球
上，在远离这些生机的地方，竟然有一处会四个月见不到太阳。
在那里，人们要叠穿三件羊毛衫并确保脸部完全被遮盖起来才能
出门。那是地球的南端。

　　一位和我聊过天的冲浪者走到我身边，她把冲浪板搭在棕榈
树上，坐在沙滩上。

　　"南极怎么样？"

　　"那里……"我迟疑着，眼前浮现出破烂的绿沙发，阿尔伯
特耸着脖子发出响亮的笑声，莫雷诺听着狂野的音乐在跑步机上
肆无忌惮地跳舞，在星海中照亮回科考站之路的孤独的头灯光
柱，鼻子中仿佛闻到了浓重的意式咖啡味，菲利普攀岩、马可做
瑜伽时影音室的味道，当然还有那些张开翅膀偷石头的阿德利企
鹅。我想起了马可·S制作的冻鸭子的味道，雷米做的牛奶冰淇
淋，以及他和柯林一起弹着吉他唱香颂曲的样子。我的耳边似乎

301　回响起安德烈讲的异域故事，弗洛伦廷的DJ艺术，雅克的安静
状态和马里奥通过广播说"收到"的声音。

　　最后，还有在星光下进行了长时间散步后爬到科考站门口，
打开门回到室内的那些时刻，脱下极地装备、把冻僵的手放在热
水管旁边取暖的时刻。还有希普利亚眼睛里的笑意，他让我感觉

我们是这个寒冷、阴暗的世界里仅剩的两个人。

那个新西兰冲浪女孩儿耐心地等着我的答案。

"那里很冷"，我总结道："但是非常美。"

致　谢

格雷厄姆·格林（Graham Greene）写道：人会因其住地而 成为他的样子，当然也会因和他一起生活在这里的人而改变。因此，我要感谢莫雷诺·巴里科维奇（Moreno Baricevic）、柯林·布沙耶尔（Coline Bouchayer）、安德烈·布尔（André Bourre）、雷米·布拉斯（Rémi Bras）、马可·布图（Marco Buttu）、菲利普·卡里·夸利亚（Filippo Calì Quaglia）、弗洛伦廷·卡姆斯（Florentin Camus）、马里奥·乔治亚尼（Mario Giorgioni）、雅克·哈特尔（Jacques Rattel）、阿尔伯特·拉兹托（Alberto Razeto）、马可·瑟梅里尔（Marco Smerilli）和希普利亚·维尔索（Cyprien Verseux）。

如果没有欧洲航天局康科迪亚站组的信任，我将无法来到这片白色星球。我的督导诸塞佩·克雷拉（Giuseppe Correale）和詹妮弗·吴安（Jennifer Ngo-Anh）在行前、任务过程中及结束后都给予了不可或缺的支持，我对此表示感谢。

康科迪亚站的存在得益于意大利国家南极委员会和法国极地研究所的工作。两个极地科研机构均通过电子邮件在冬季和夏季给予了大量帮助和建议。为此，我要感谢保罗·吕弗蕾特（Paul

Laforêt）、克莱尔·卡尔维（Claire Le Calvez）、多里斯·图里尔
（Doris Thuillier）、薇薇安·简（Viviane Jean）、伊芙·福利诺特
（Yves Frenot）、杰罗姆·夏佩拉茨（Jérôme Chappelaz）以及意大
利方面的团队，特别是丹尼斯·费拉万特（Denise Ferravante）、
莫里兹奥（Maurizio）和文森祖·辛科蒂（Vincenzo Cincotti）。

每个实验的背后，都有大量工作人员进行设计并为之付出
努力。在南极进行实验是一个极大的挑战——为了使我胜任这个
职位，他们还需要对一位医生进行各种相关的训练，不仅要知道
如何使用听诊器和手术刀，同时还需要会进行细胞分离，知道如
何操纵联盟号模拟驾驶舱。我的知识水平得到了全面地提升，为
此我要感谢四个实验的团队。你们的信任、支持，针对我提出的
各种问题所作的深入浅出且及时迅速的回应对我而言是莫大的
帮助。我要感谢慕尼黑的选择实验团队，特别是克劳蒂亚·斯
特维雷（Claudia Strewe）、亚历山大·乔克（Alexander Chouker）
和马蒂亚斯·弗伊尔艾克（Matthias Feuerecker）；感谢科隆的
高原适应实验团队，特别是乌尔里希·林佩尔（Ulrich Limper）
和皮特·高戈（Peter Gauger）（如此果敢、不懈地解释了南极
行为的一些特殊性）；感谢冰岛实验团队，特别是克劳德·兰
伯特（Claude Lambert）、保罗·恩科（Paul Enck）、伊莎·马
克（Isa Mack）；感谢模拟舱驾驶实验团队，特别是娜塔莉·帕
丁（Nathalie Pattyn）和米克尔·博世·布鲁格拉（Miquel Bosch
Bruguera）。

我要感谢克劳蒂亚和娜塔莉，与她们在夏季有爱的交往和南
极的严寒构成了鲜明的对比。

303

276

要寻找一家合适的出版社是一件很艰难的事情。因此，我要感谢路德维希出版社（Ludwig Verlags）团队——特别是我的审稿人克尔斯丁·阿罗伊（Kerstin Aloia），她对寒冷的南极的热情使得我的书稿从一堆不请自来的稿件中得救。我也要感谢安娜·弗拉姆（Anna Frahm），她同样为这个项目付出了很多努力；感谢编辑安格利卡·里克（Angelika Lieke），她不懈地检查并改良了我表达中的逻辑问题。

在南极寒冷而黑暗的冬季，我们需要有人时刻提醒我们，在这个星球其他地方的广袤土地上仍充满阳光和温暖：蕾娜（Lena）、苏菲（Sophie）、库特（Kurt）、莉娜（Lina）、比尔吉特（Birgit）、比翠斯（Beatrice）、卡罗琳娜（Karolina）和亚历山大（Alexander）帮我完成了这个提醒。

我的第一批读者和批评者——乌尔里克（Ulrike）、克莱门斯（Clemens）、艾娃（Eva）和比翠斯帮我修改了很多文字错误。如果没有他们，文稿会有更多问题。

我要感谢克莱门斯和蕾娜。他们不仅在漫长的南极之冬给了我很多支持，也在之后很多愁云惨淡的日子里给予我充分的关爱。

我要感谢我的家人，他们无条件地接受我的不安分，无论我在温哥华、维也纳或是克拉根福特，每次回家我总能体会到归属之感。谢谢。

图片来源

图书在版编目（CIP）数据

文明之外：我在南极的一年 /（奥）卡门·普斯尼西著；
田思悦译 . — 北京：商务印书馆，2023
（地平线系列）
ISBN 978−7−100−22594−6

Ⅰ.①文… Ⅱ.①卡… ②田… Ⅲ.①南极—概况
Ⅳ.① P941.61

中国国家版本馆 CIP 数据核字（2023）第 113163 号

地平线系列

文明之外：我在南极的一年

〔奥地利〕卡门·普斯尼西　著
田思悦　译

商　务　印　书　馆　出　版
（北京王府井大街36号　邮政编码100710）
商　务　印　书　馆　发　行
北　京　冠　中　印　刷　厂　印　刷
ISBN 978−7−100−22594−6
审　图　号：GS（2023）1982 号

2023 年 10 月第 1 版　　　开本 880×1230　1/32
2023 年 10 月北京第 1 次印刷　印张 9¹/₈　插页 12

定价：52.00 元

南极点

阿蒙森—斯科特站（美）

横贯南极山脉

斯科特航线
1911~1912年
历时147天

西南极州

阿蒙森航线
1911~1912年
历时99天

罗斯冰架

帐篷所在地 ✕

斯科特站（新） 🔳🔳 麦克默多站（美）

巴斯勒
2小时 4.5小时

罗斯海

马里奥祖切

C-130
大力神
运输机
7.5小时

罗斯冰架

斯科特站（新）🔳 麦克默多站（美）

冰障

冬季之旅 1911年 历时35天

麦克默多峡湾

① 发现小屋
② 埃文斯角
③ 冰舌

特罗尔山 特拉诺瓦山

埃里伯斯火山

克罗泽角

罗斯岛

罗斯海

伯德山

0   20千米

C-130
大力神
运输机
8小时

克赖斯特彻奇（新）